"灿若星辰浙大人"丛书编委会

新知的浪潮

"灿若星辰浙大人"之科学篇2 "灿若星辰浙大人"丛书编委会 编

ZHEJIANG UNIVERSITY PRESS
浙江大学出版社
·杭州·

力,形之所以奋也。

古人在《墨经》中早已阐明动力是使物体运动的原因。面向新一轮科技浪潮,我们的动力在哪里? 好奇是人类最朴素的情怀,探索是对科学最执着的追求。

在新的发展阶段,一批批浙大弄潮儿瞄准原始创新能力,攻坚关键核心技术,扎根应用实践,加速创新成果转化,吹响了面向世界科技前沿、面向经济主战场、面向国家重大需求、面向人民生命健康,服务"国之大者"的"集结号"。

翻开这本书,你可以带着好奇心,感叹这些被定格的科学之美。这里有从 0 到 1 的破土新生,有从 1 到 100 的艰难突破,有 100 到 ∞ 的无限趣味。重要的科学问题正在打造新认知,开辟新前沿,孕育新业态,为人类社会发展和文明进步注入源源不断的新动力。

本书还记录下百舸争流的开拓者,他们胸怀使命愿景,久久为功,驰而不息,不断在科学技术的广度和深度上进军,掀起新的浪潮。

每一次灵感的涌现,每一个成果的诞生,都是科学智慧的映射,希望能够带给你有益的启示。

弱水三千,这里便有一瓢饮。

第二篇　面向经济主战场

第三篇　面向国家重大需求

第四篇　面向人民生命健康

第一篇

面向世界科技前沿

打造光子的"高速公路",首个三维光学拓扑绝缘体研制成功

国际顶级期刊《自然》(*Nature*)报道了浙江大学信息与电子工程学院陈红胜教授课题组的一项研究。课题组研制成功了首个三维光学拓扑绝缘体,将三维拓扑绝缘体从费米子体系扩展到了玻色子体系,有望大幅度提高光子在波导中的传输效率。

这项研究由浙江大学陈红胜教授课题组和新加坡南洋理工大学Baile Zhang 教授、Yidong Chong 教授课题组合作完成,浙江大学信息与电子工程学院杨怡豪博士为论文第一作者,陈红胜教授和 Baile Zhang 教授、Zhen Gao 博士为共同通讯作者,浙江大学为第一完成单位。

共同追求,让电磁波传播受到的干扰降到最低

光是生活中常见的电磁波,不仅能够在空气中传播,也可以在引导电磁波的波导器件中传播,或者在两层介质交界面处沿着界面传播,即表面波。电磁波在这些波导器件或者介质交界面传播时,如遇到缺陷、杂质、波导拐弯等,会产生不可避免的散射,从而造成能量损

耗,这将极大地降低传输效率。

然而,表面波传播是导波光学器件非常重要的导波基础,实现对杂质、缺陷或者拐角的"隐身""免疫",从而使电磁波传播不受其影响的新型波导在未来具有重大的应用前景。

2016年底,还是博士研究生的杨怡豪就为解决这一难题开始研究,前瞻的研究领域+"零的突破"的挑战+新型人工电磁材料结构设计的丰富经验,让杨怡豪及课题组一开始就为研制首个三维光学拓扑绝缘体铆足了力量。

众所周知,在传统电路(比如电子芯片)中也经常碰到,电子遇到杂质、缺陷或者拐角时,会产生散射,造成发热、损耗等问题。为了解决这个问题,科学家提出了一种新材料——拓扑绝缘体。这种材料的特性介于导体和绝缘体之间,其内部表现为绝缘体,而材料表面表现为导体。有趣的是,其表面电流源于材料内部电子能带的拓扑特性,能够对缺陷、拐角、无序等"免疫",进而实现电子的高效运输。拓扑绝缘体自提出以来一直是凝聚态领域的一大研究热点,关于拓扑物质的研究工作荣获了2016年的诺贝尔物理学奖。

受拓扑绝缘体的启发,科学家提出了光学拓扑绝缘体,成功将拓扑绝缘体的神奇特性拓展到了光学系统。科学家们已经从理论上证明,表面波在光学拓扑绝缘体上传播时,能够绕过缺陷、拐角,实现高效传播。

然而,在浙大陈红胜课题组的这项研究成果发表前,与三维光学拓扑绝缘体相关的实验研究仍然是空白,对光学拓扑绝缘体的实验研究还局限于二维空间。

其部分原因在于,光子与电子有着本质上的不同:光子为整数自旋的玻色子,电子为半整数自旋的费米子,因此不能简单地把电子三维拓扑绝缘体的设计拓展到光学体系。

那么为什么科学家依然要锲而不舍地研究三维光学拓扑绝缘体呢？这是因为光学拓扑绝缘体的实验研究局限于二维空间，在二维光学拓扑绝缘体中，表面波传播时只有一维单向的拓扑边界态，而表面波在三维光学拓扑绝缘体中传播时，其拓扑表面态表现为二维无质量狄拉克费米子。

《自然》杂志的匿名评审专家在评价这项研究工作时指出，实验实现三维光学拓扑绝缘体十分重要，将推动该新兴领域的发展。

特殊结构，让缺陷"隐身"

针对现有的重重难题，陈红胜课题组和 Baile Zhang、Yidong Chong 研究组等构成的国际联合研究团队通过联合攻关，首次实验实现了具有宽频带拓扑能隙的三维光学拓扑绝缘体。在这一研究过程中，杨怡豪博士巧妙地设计提出了一种由多个开口谐振器构成的电磁单元结构。该电磁单元结构具有很强的电磁双各向异性特性，这是实现宽频带三维光学拓扑绝缘体并使实验最终得以成功验证的关键。

三维光学拓扑绝缘体的设计过程并非一帆风顺，也有过多次失败。但是杨怡豪凭借团队在新型人工异向介质材料上雄厚的研究基础，经过十几个版本迭代，历时几个月，设计出了电磁双各向异性介质单元。

那么，陈红胜课题组提出的三维结构，是不是三维光学拓扑绝缘体？这是一个重要的问题，需要实验验证。

三维拓扑绝缘体的本质特征在于材料体内具有三维能隙，而材料表面具有二维狄拉克锥形式的能带。过去科学家们为了验证电子拓扑绝缘体需要购买高昂的检测设备，而这一次，这一国际联合团队根据光子或者电磁波的特性搭建电磁波三维扫场平台，进行了实验测试。他们通过三维光学拓扑绝缘体内部及表面电磁场分布成像，提取电磁波模式的色散特征。该研究团队在实验中成功地观测到了该材料的三维能隙，以及具有二维狄拉克锥形式的表面态——这些正是三维光学拓扑绝缘体的关键特征。

表面波无障碍地绕过 Z 形拐角

由于表面光子受到拓扑保护，该三维光学拓扑绝缘体可以用来构建光子"高速公路"，让光子在传输过程中，不被杂质、缺陷或者拐角影响，或者说，各类缺陷"隐身"了。为了对上述理论进行验证，该研究团队通过三维曲面上表面态的成像，验证了表面波在界面传播时能够无障碍地绕过 Z 形拐角。这一现象表明，对表面波来说，这些拐角就像被"隐形"了一样，而能够绕过拐角实现高效传播正是受益于三维光学拓扑绝缘体的拓扑保护特性。

这项研究实现的三维光学拓扑绝缘体，或可适用于三维拓扑光学集成电路、拓扑波导、光学延迟线、拓扑激光器及其他表面波电磁调控器件。由于将三维拓扑绝缘体从费米子体系扩展到了玻色子体系,该研究有望启发其他波色子系统(如声子及冷原子等)中三维拓扑绝缘体的实现,对拓展三维拓扑态体系具有重要的意义。

这项研究的共同作者还包括浙江大学博士生张莉、贺梦佳,新加坡南洋理工大学 Ranjan Singh 助理教授及博士生 Haoran Xue、Zhaoju Yang,他们都在此项研究中做出了重要贡献。本研究受到国家自然科学基金委杰出青年基金项目、国家青年拔尖人才计划等项目的资助。

（文:柯溢能）

生命体如何应对基因的无义突变？

生命体中的遗传物质脱氧核糖核酸(DNA)时时刻刻都会受到损伤的威胁，每个细胞的基因组 DNA 每天会遇到约 10000 次的损伤，这些损伤导致的基因变异会使编码蛋白的基因失去功能。为了存活，生命体便进化出许多应对基因突变的办法，其中之一就是"遗传补偿效应"。然而，长期以来，科学界对遗传补偿效应起作用的机制却知之甚少。

国际顶级学术期刊《自然》(*Nature*)在线报道了浙江大学陈军教授和彭金荣教授课题组在遗传补偿效应分子机制方面的重要研究进展。课题组首次揭示基因补偿效应是由携带提前终止密码子的信使核糖核酸(mRNA)所激起，由无义突变 mRNA 降解途径(NMD)中的上游移码蛋白 3a(Upf3a)参与；同时，还揭示同源序列核酸是上调补偿效应基因的必要条件，并进一步研究证明补偿效应基因转录水平的提高是补偿基因启动子区域组蛋白的表观遗传学修饰所引起的。该研究为疾病的治疗提供了新思路。

这项研究的第一作者为浙江大学生命科学学院博士后马志鹏，通讯作者为浙江大学生命科学学院陈军教授和浙江大学动物科学学院彭金荣教授。

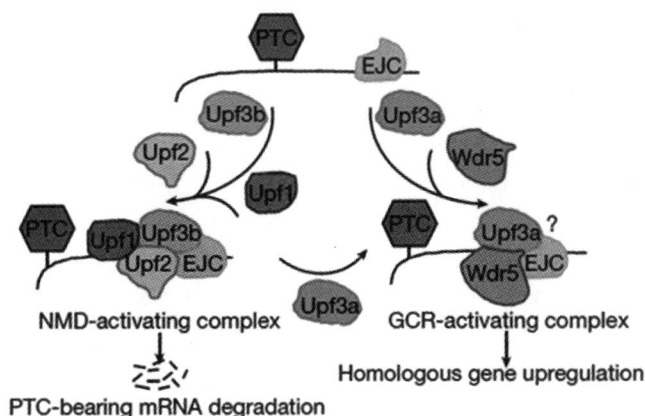

无义突变 mRNA 与 Upf3a/COMPASS 复合物共同激活遗传补偿效应

无义突变和同源序列是遗传补偿效应发生的两个必要条件

如果 DNA 的损伤导致变异的基因功能非常重要,机体又不能采取措施,生命体将不能存活。遗传补偿效应就是指在某一基因发生突变、彻底失去功能后,机体采用相应机制,提高其他基因的表达,来代替这一基因的功能。

这就好像一个工厂的岗位空缺出来,中介需要找到其他人员来完成相关工作。如果这是个关键岗位,却招不到合适的人,那么这家工厂可能面临倒闭的危机。

一般而言,基因因其差异化而存在,人们敲除其中一个时,功能会出现一定程度的异样。但是在很多无义突变中,敲除基因后并没有表型,也就是说没有出现异常,而敲低时却出现了表型。比如一个控制羽毛色泽的基因,敲除后机体依旧能发育出绚丽的羽毛,但是敲低它却让羽毛变得暗淡无光。遗传补偿效应提出后,科研人员对这一现象进行了概括,人们把敲除基因没有表型,但敲低基因却出现表型,作为鉴定基因具有遗传补偿效应的标志。

生物学的中心法则是遗传信息从 DNA 转录到 mRNA,最后通过翻译形成蛋白质。无义突变是指从 DNA 中转录出来的 mRNA 由于突变提前形成终止密码子,进而提前结束了蛋白质合成。

如果继续进行翻译,那么会形成一个比正常功能蛋白短一些的蛋白。通常这样的蛋白不仅没有功能,而且还会有副作用。这时候细胞自身会通过监控途径降解这样的无义突变 mRNA。

这种无义突变 mRNA 介导的降解途径叫"NMD"(nonsense-mediated mRNA decay),是一种 mRNA 质量监控机制。就好比工厂在产品生产过程中的质检,当产品达不到要求时,工厂会自行销毁次品,否则会带来更严重的后果。在 NMD 介导的降解过程中,与无义突变 mRNA 结合的 EJC 蛋白复合体招募上游移码蛋白 3b(Upf3b)是降解次品的关键步骤。Upf3b 的"双胞胎兄弟"Upf3a 同样可以与 EJC 蛋白复合体结合却不参与降解反应,但科研人员对于 Upf3a 存在的生理意义尚不了解。

2015 年,彭金荣实验室发现一个影响斑马鱼肝脏发育的钙调蛋白酶(Capn3a),用不同方法敲低这一基因时会出现小肝脏表型,而敲除遗传突变体,则肝脏发育正常。"敲除突变体长出正常的肝脏,说明可能是遗传补偿效应在起作用。"马志鹏推测说。

那么怎样的突变,才能引起遗传补偿效应呢?又是通过哪些基因的表达来弥补突变基因的功能呢?

为了回答这两个问题,陈军课题组的科研人员继续在斑马鱼上开展大量的对比实验,通过构建钙调蛋白酶基因的不同突变体,发现只有无义突变才能激活遗传补偿效应,并且是通过提高与变异基因序列同源的家族基因表达来进行的。非常有意思的是,他们通过向斑马鱼体内导入外源 DNA 构建转基因，同样也能激活体内遗传补偿效应，即外源导入的转基因只要带有无义突变和同源序列，就可以提高体内具有同源序列的基因表达。这些实验证明无义突变和同源序列是遗传补偿效应的两个先决条件。

Upf3a 分子是遗传补偿效应发生的"中介"

那么无义突变 mRNA 通过怎样的"中介"来提高它的同源基因表达呢？基于已有的 NMD 途径，陈军课题组另辟蹊径，把 Upf3a 敲除，Capn3a 突变体肝脏就变小了，补偿的同源基因表达也下降了，遗传补偿效应消失。

这个实验证明了无义突变产生终止密码子，并对整个机体表现出像远古时期天地崩塌一样的灾难。与神话"女娲补天"如出一辙的是，这时候 Upf3a 这个"中介"分子通过找到与信使 mRNA 序列同源的基因，改变他们的表达来弥补突变基因的功能。这个过程就好像冶炼五色石使之与天空相融，最后实现洪水退去、苍天平复的效果。

因此，陈军课题组得出结论，在机体应对无义突变的过程中，Upf3a 是诱导遗传补偿效应的重要"中介"。

"中介"如何具有"女娲补天"的能力？

随后，课题组进一步揭示"中介"Upf3a 通过招募复合体（COMPASS）将核小体中组蛋白 H3 第 4 位赖氨酸甲基化，从而打开染色体的结构，促进基因表达，不断扩充相似功能。

陈军课题组根据研究结果，提出遗传补偿效应的分子机制模型：转录后被识别的无义突变 mRNA 可以与 Upf3b 结合，也可以与 Upf3a 结合。如果它与 Upf3b 结合，它将通过 NMD 途径降解；如果它与 Upf3a 结合，Upf3a 将招募 COMPASS 复合体，无义突变 mRNA 利用核酸序列同源性，将 Upf3a/COMPASS 带到其家族同源基因的基因组 DNA 处，改变其组蛋白修饰，促进同源基因表达，弥补本身的功能损失。

遗传补偿效应分子机制的发现具有重要的实践意义

遗传补偿效应并不是斑马鱼独有的现象，在小鼠、拟南芥等模式生物中也存在。"我们所发现的分子机制不仅具有重要的理论意义，而且对于揭示基因功能研究以及疾病治疗具有重要的价值。"陈军介绍，遗传补偿效应对机体存活具有重要意义，但对于基因功能研究是一个巨大的障碍，比如斑马鱼超过 80% 的基因被敲除后没有表型，所以很难研究这些基因的功能，这其中大部分是遗传补偿效应导致的。未来想要研究这些基因，就可以利用陈军课题组揭示的分子机制，敲低"中介"蛋白 Upf3a，阻断遗传补偿效应，开展基因研究。

基因组测序结果显示，在正常人群的基因组中存在着大量携带有纯合无义突变的基因，其中有些基因的错义突变会引起严重的人类遗传疾病，例如帕金森、白血病、脊柱侧弯等。陈军课题组推测可能是遗传补偿效应导致了这些疾病。他表示，针对错义突变引起的人类遗传疾病，可以通过敲除此基因，或转入带有无义突变的同源 DNA，激活人体内遗传补偿效应以治疗疾病。

《自然》杂志匿名评审专家在评审时表示，这是一个具有潜在广泛意义的非凡故事。例如，它澄清了许多敲除研究的解释；它为一个有趣的现象提供了机制基础，该机制赋予细胞健壮生长的能力。正如作者指出的，引入无义突变可能是治疗存在补偿基因的遗传病的一种临床途径。

参与这项研究的还有朱佩佩、施回、郭李伟、张庆河、陈亚男、陈书铭、张哲。研究成果得到科技部重大基础研发项目、国家自然科学基金的资助。

（文：柯溢能）

百炼钢亦能绕指柔：破解高熵合金强度与塑性兼得的奥秘

《周易》有云："尺蠖之屈，以求信也；龙蛇之蛰，以存身也。"所谓丈夫之志，能屈能伸，坚强与坚韧并存，是历史和自然评判一个事物完美与否的重要标准之一。金属材料的制备和使用传承千年，是我们建设和改变世界所用的最多和最重要的技术之一。然而完美难以企及，金属材料的强与韧往往不可兼得。从几千年前冷兵器时代开始，人们就一直在追求坚强与坚韧并存的金属材料，也是从那个时候开始，人们已经意识到，金属材料的不同处理过程一定在改变着什么，因为它会带来强韧性的显著变化。随着我们认知世界的能力逐步提高，我们已经知道，这个"什么"，就是材料的结构。所谓"千锤百炼"，也就是指这个改变结构以求更好性能的本征关系。

近年来，这个"历史悠久"的金属结构材料研究领域又被激起了一朵浪花。人们研究发现，如果打破传统的合金设计方法（将少量合金元素添加进主元素中），将多种元素依等原子比固溶在一起，理论上会制得原子排列有序而元素排列无序的所谓高熵合金。部分高熵合金可以同时具备高强度和高塑性，从而打破传统金属强塑性难以兼得的困境。但是背后的原因却让人摸不透。对于高熵合金结构－性能关联性的研究，大有"庐山"之态。

浙江大学材料科学与工程学院、硅材料国家重点实验室、电子显微镜中心张泽院士团队的余倩和美国佐治亚理工学院的朱廷、加州大学伯克利分校的 Robert Ritchie 合作，从解密高熵合金中元素分布着手，揭开了"庐山"真面目。余倩说："准确认识高熵合金中高强塑性背后的本征原因将帮助我们揭秘高效的强韧化机理，有利于材料性能优化设计和高性能合金的研发。"

这项成果在线刊登在国际顶尖杂志《自然》上。论文的第一单位为浙江大学，第一作者是浙江大学高温合金研究所丁青青博士，清华大学陈晓博士、佐治亚理工学院 Ying Zhang 为共同第一作者，通讯作者是浙江大学电子显微镜中心余倩教授，佐治亚理工学院 Ting Zhu 教授、加州大学伯克利分校 Robert Ritchie 教授为共同通讯作者。

百炼钢如何化为绕指柔？

何为高熵合金？这是由多种元素高浓度固溶在一起所形成的晶体结构清楚而元素分布混乱的固溶体，其中一种典型的高熵合金 Cantor alloy 由铁、钴、镍、铬和锰这几种元素组成。由于性能由结构决定，晶格又是位错等缺陷结构和行为的本征调控单元，解密高熵合金中基元－序构－性能的关联性是关键。然而铁、钴、镍、铬和锰皆为"近邻"，电负性、原子半径、原子序数等差异不大，从晶格尺度直接解析高熵合金的变形机理非常困难。

"作为一种最重要的晶体缺陷，位错的结构、位错何时启动、启动之后如何滑移和交互作用直接影响材料的强度和塑性变形能力。而从位错理论来看，位错的结构、行为又直接受原子尺度的晶格所影响，特别是各种原子的排列、分布等。"余倩说。

"丘陵"起伏　位错滑移宛如"交叉潮""回头潮"

余倩课题组首先通过原子尺度的元素分布表征，揭示了高熵合金多种元素如何固溶在一起的重要疑问。"我们发现了高熵合金中独特的浓度波起伏，相比于传统固溶体合金中在晶格尺度趋于平直的元素浓度波起伏，高熵合金中，即使是 CrMnFeCoNi 合金也存在各种元素的浓度在晶格间 25% 到 15% 的震荡。这样的浓度起伏会带来纳米尺度晶格阻力的震荡和局域层错能的变化。"余倩说。紧接着，通过在保证完全固溶的前提下增加元素间电负性和原子大小的差距，贝红斌老师制备了纳米尺度各种元素浓度起伏在 60% 到 0 之间的 CrFeCoNiPd 合金。

这就好比一堆苹果、梨、橙子，乍一看都差不多，换上一个西瓜，就很显眼了。"把锰换成了钯，晶格调控效应放大了，便于我们'看清'背后的机理。"丁青青说。

在高倍电镜的放大下，研究人员看到，一条条的位错线，好像一浪又一浪的钱塘江潮，滚滚向前。普通材料的位错线是沿着固定的滑移带像一线潮那样奔涌向前，但是 CrFeCoNiPd 合金中，位错线却走得磕磕绊绊。打个比方，本来整体往前走的一线潮，就像遇到了丘陵般起伏的水底，改变了方向和形状，形成了"交叉潮"甚至"回头潮"。

这些"丘陵"就是不同元素的浓度起伏，他们的存在是晶格尺度下调控位错移动的本质。

科研人员把这样的位错移动称为交滑移，位错不沿着原有的晶面走，而是选择了另一个晶面。这样，位错之间的相互作用就会增加，提供了更多变形的可能，同时也"呼唤"更强的外力来推动位错往前走。

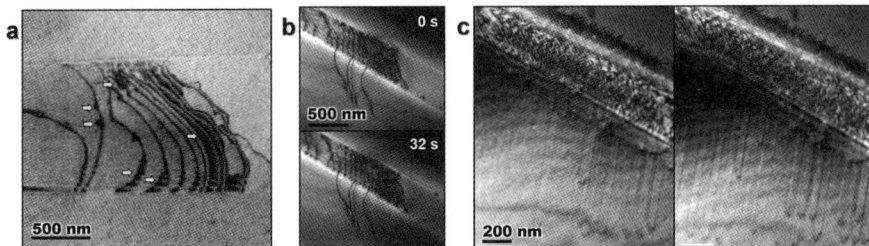

CrFeCoNiPd高熵合金中的位错行为

"大量的交滑移作用,使得合金有更好的均匀变形能力,又有更好的强度,'鱼'和'熊掌'可以兼得了。"课题组成员符晓倩说。

在普通材料中,出现如此大量的剧烈的交滑移并不常见。

实验发现,在CrFeCoNiPd合金中,钯的加入引起了所有元素浓度波起伏的加剧。由于浓度波的波幅大大增加,室温下材料塑性变形方式从传统的不全位错滑移、全位错滑移、孪晶变形等转变为罕见的以大量均匀分布的交滑移为主导的变形方式。同时,原子内应力分布发生变化(如上图所示),引起极小空间尺度的晶格阻力震荡显著加剧,在晶格中造出丘陵的"地貌",这是大量交滑移出现的原因,也使得材料的力学性能与CrMnFeCoNi合金相比,在保证相当水平的塑性变形能力的前提下,强度显著提高。

该研究揭示了高熵合金中晶格调控力学性能的特殊机制,与传统的界面调控(包括晶界、相界、第二相界面等)以及团簇等精细结构调控相比,高熵合金中独特的浓度波调控极精细并具有连续性,是一种可控和高效的材料强韧化方法。《自然》的评审专家认为,该工作对理解复杂成分合金(传统固溶强化理论无法适用)中的强化机理具有重要的理论意义。

基础科学认知是应用的基础。雄关漫道真如铁,而今迈步从头越。高熵合金强度与塑性兼得的特点以及优良的低温性能,在未来航空、南北极考察等领域对温度要求严苛的材料制备上大有可为,同时在防撞领域也会有重要应用。

本研究得到国家自然科学基金委的资助。

(文:吴雅兰、柯溢能)

新
知
的
浪
潮

粉末状的碳酸钙也可以像塑料一样按模具形状制备？

晶莹透亮的各类碳酸钙晶体是每个自然博物馆里必备的展品，但它们的形成要历经千万年的地质积淀。如果用目前的人工方法来制造碳酸钙，往往只能得到微米大小的白色粉末。

不过，浙江大学化学系唐睿康教授团队的一项成果，可以迅速在实验室里制得厘米尺寸的碳酸钙晶体材料，并且这些碳酸钙有很强的可塑性，可以像做塑料一样按照模具形状制成各式模样。用这种全新方法做出来的材料具有结构连续、完全致密的特点，在3D打印和物质修复等领域具有广泛的应用前景。

这项研究正式发表在国际顶级杂志《自然》上，论文的第一作者是刘昭明博士，通讯作者是唐睿康教授。

"此前，在无机化学和高分子化学领域中材料的制备方法是完全不同的，但我们这项成果可以说是打破了两者界限。"唐睿康解释道，"我们的研究是把传统有机聚合的方法运用在传统无机材料制备上，提出了'无机离子寡聚体及其聚合反应'的新概念，对传统学科具有一定的颠覆性。"

《自然》的评审专家认为："这种将无定形碳酸钙转变为单晶碳酸

钙的能力,是以往传统方法难以实现的,而且展示单晶修复功能可以有很多的用途。这项研究将经典无机化学和高分子化学的理念结合,将有可能为材料合成翻开新的篇章。"

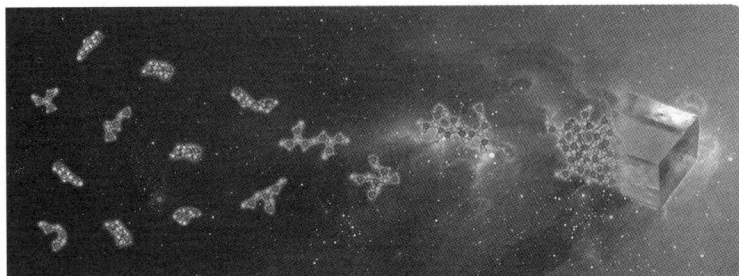

碳酸钙寡聚体通过聚合、交联实现块体材料的生长

传统结晶,难成"大器"

碳酸钙,俗称灰石、石灰石、石粉等,是地球上常见的物质,存在于霰石、方解石、白垩、石灰岩、大理石、石灰华等岩石内,亦为动物骨骼或外壳的主要成分,同时它也是重要的建筑材料,在工业上用途甚广。此外,高品质的碳酸钙单晶(俗称为冰洲石)具有极强的双折射功能和偏振光功能,常用于光学工业中的偏光棱镜和偏光片,是制造天文用的太阳黑子仪、微距仪中的重要材料。

目前实验室或工业上要合成碳酸钙这类无机物,通常会采用过饱和溶液结晶方法。一般认为在溶液中某处高浓度离子的位点上,原本分散的钙离子和碳酸根离子会相互"伸手"通过离子键迅速聚集在一起,形成纳米尺寸的晶核,然后周围的离子再逐步从溶液中"跑"到晶核表面实现晶体生长。

但由于这个过程中产生的晶核很多并且很难控制,所以无法形成少量的大晶体,而是大量的微小晶体。打个比方,日常生活中遇到的降雪和冰雹现象就是大气中水汽(云)的结晶,空中的每一朵云可以变成无数雪片和冰雹颗粒,但不太可能只变成一个巨大的雪块或冰块。

其实,在高分子塑料的制备过程中,会出现类似的情形,当"一团物质"形成后,各个分子先各自就位,然后一起相互"伸手"构建成大块材料。那为什么我们很容易地就能调控塑料的形成过程呢? 这就是封端剂在发挥作用。它会先抢占分子用于相互连接的位置,这就好比给分子暂时套上了"终止符",先阻止它们的相互"牵手"。这个套上"终止符"的物质被称为单体或寡聚体。而这些单体或寡聚体可以被人为浓缩,先形成材料的雏形,再通过去除"终止符"而被控制着相互"牵手"变成大块物质。也就是我们常说的用于塑料制备的高分子聚合反应。

移花接木,另辟蹊径

那能不能将高分子化学制备方式应用到无机制备中来呢? 由于离子键太强,科学家曾经尝试过用高分子作为封端剂,结果发现稳定性太高了。由于这些高分子与碳酸钙离子的作用力太强,这个"终止符"套上去后就脱不下来了,不能制备出无机材料。

因此唐睿康课题组决定另辟蹊径。刘昭明首先提出是否可以找到一种作用力弱一点但又稳定可控的封端剂作为无机离子反应的"终止符",他想到了易挥发、毒性小的三乙胺。不过,三乙胺和碳酸钙离子的相互结合需要一个媒介——氢键,而这些氢键在实验常用的水溶液中不易形成。刘昭明把碳酸钙水溶液换成了碳酸钙乙醇溶液,并加入大量三乙胺分子。

接下来就是见证奇迹的时刻,通过氢键的"牵线搭桥",三乙胺分子以快于其他碳酸根离子的速度"跑"向某处高浓度碳酸钙离子聚集体,抢先占领它们继续聚集或长大的有利位置,阻断它们与外界其他碳酸钙的联系。"这个过程有点像移花接木,让三乙胺分子占据原定的钙离子的位置,这样就不让形成的碳酸钙离子继续相互'牵手',从而形成无机离子寡聚体。几乎一瞬间,溶液就充满了大量稳定的寡聚体,通过浓缩也可以形成'一团物质'。"

接下来的一步,就是如何再去除三乙胺分子,实现寡聚体的聚合交联了。刘昭明说,因为三乙胺易挥发,只要晾干,它就随着乙醇一起挥发走了。所以只需在浓缩寡聚体后晾干,即可使寡聚体与寡聚体直接聚合相连,以和塑料类似的方式聚合生长。

"实验成功的关键点在于合适的封端剂、合适的溶剂。"对于作为封端剂的三乙胺,课题组并不是通过盲目的尝试来"撞大运",而是有针对性地寻找。"我们是用理论计算的结果来指导实验,没过多久就找到了理想目标。"刘昭明说。

仿生生长,完美修复

大家在家里烧菜的时候,可能会碰到这样的情况:不小心把油酒在了厨房台面上,即便用抹布擦,也会留下痕迹。这是因为人造大理石材料大多用碳酸钙粉末通过胶水加压制成,尽管从宏观上看是块状,但微观上还是无数小颗粒的聚集体,内部有很多裂纹和空隙。

而通过课题组这种新方式制造的碳酸钙是结构连续、完全致密的,硬度等力学性能可以更加接近材料的理想状态。碳酸钙无机寡聚体还有一个重要特性就是流动性,能做出胶状物,这样就能通过使用模具得到各种形状的碳酸钙材料,而过去碳酸钙这类无机矿物由于其硬度和脆性被认为很难实现可塑制备。这也就意味着,碳酸钙这类无机矿物可以根据人们的设计通过制备方法的革新获得各种各样的形状,这样就通过无机聚合反应克服了传统无机材料可加工性差的缺点。

唐睿康课题组曾有用两滴药水修复牙釉质的"黑科技",其实这就是将无机离子聚合策略拓展到磷酸钙与牙釉质晶体的相互结合生长上。因为无机离子寡聚体可控聚合具备仿生生长的功能,不留"疤痕",不易脱落,能够真正达到"修旧如新"的效果,所以在修复领域也大有可为。"由于磷酸钙是牙齿和骨头的主要成分,因此我们的应用研究首先聚焦在生物矿化组织的再生上。"

本次实验主要运用碳酸钙作为模型材料,这是因为对于它的结构及物理化学性质,前人已经有了系统和深刻的认识,方便基础科学探索。尽管如此,浙大科研人员还是花了将近一年半的时间来证明寡聚体结构与聚合的过程。"因为这是一种全新的概念,需要更为充分的证据,我们做了大量实验,特别是借助上海同步辐射装置和浙大高分辨电子显微镜,让大家能够'看到'无机碳酸钙是怎样通过聚合的方式变成材料的。"

碳酸钙的一种晶体形式为方解石,这是一种非常好的制作光学棱镜的材料。但这种晶体表面容易损伤且不易修复,一个小小的凹坑都会影响观测精度。这些光学单晶材料在应用过程中如果出现刮痕等损坏,在目前是无法修复的,往往就意味着材料报废。浙大科研人员在实验中,将碳酸钙寡聚体涂在受损的方解石晶体上,就得到了与原有单晶完全一致的结构,实现了方解石单晶的完美修复。这其实也解释了为什么通过磷酸钙寡聚体可以实现牙釉质的再生。

"很多矿物材料比如大理石的结构修复,也可以通过对应的寡聚体聚合实现。"唐睿康说。用新方法制造出来的材料,因为具有可塑性和结构连续致密的特性,在工业和生物修复领域有广阔的市场,"而且,钙离子和碳酸根离子可以替换成其他阴阳离子,用于其他无机离子化合物的制造,具有很好的广泛性和通用性。更重要的是,'无机离子寡聚体及它们的交联聚合'这一个原创的科学新概念,对目前的学科定义和理解具有一定的颠覆性,相信在未来能够引领更多新材料和材料制备发展的创新"。

本研究得到国家自然科学基金杰出青年科学基金(21625105)、青年科学基金(21805241)和中国博士后科学基金(2017M621909,2018T110585)的资助。

（文：柯溢能、吴雅兰）

城墙上的哨兵：揭示两个重要蛋白"欲谋其政，须在其位"的奥秘

先天性免疫反应是人体防御外来病原体和应激物的第一道防线。这种快速非特异性的反应，依赖于模式识别受体对病原相关分子模式以及损伤细胞所释放的损伤相关分子模式的快速识别。

胞质中的NOD蛋白就是在血液和小肠这两大系统中的重要模式识别受体，其家族中的NOD1和NOD2是抗细菌免疫的关键模式识别受体，它们通过识别细菌胞壁成分肽聚糖来介导免疫应答信号途径活化，以发挥重要作用。

浙江大学医学院基础医学系Dante Neculai教授团队研究发现，NLR家族的两个重要受体蛋白NOD1和NOD2能够在棕榈酰转移酶ZDHHC5的作用下发生棕榈酰化修饰，从而介导细菌性炎症信号通路。这一发现有效地连接起科学机理与临床问题，未来在诊断和治疗上或有重要价值。

这项研究刊登在国际顶尖杂志《科学》（Science）上，浙江大学医学院基础医学系2015级博士生陆嵒、2017级博士生郑裕萍，加拿大玛嘉

烈公主癌症研究中心（Princess Margaret Cancer Centre）博士后 Étienne Coyaud，浙江大学医学院基础医学系讲师张超为共同第一作者。浙江大学医学院基础医学系 Dante Neculai 教授、孙启明教授、加拿大玛嘉烈公主癌症研究中心 Brain Raught 教授、多伦多圣迈克尔（St. Michael）医院 Gregory D. Fairn 教授为共同通讯作者。

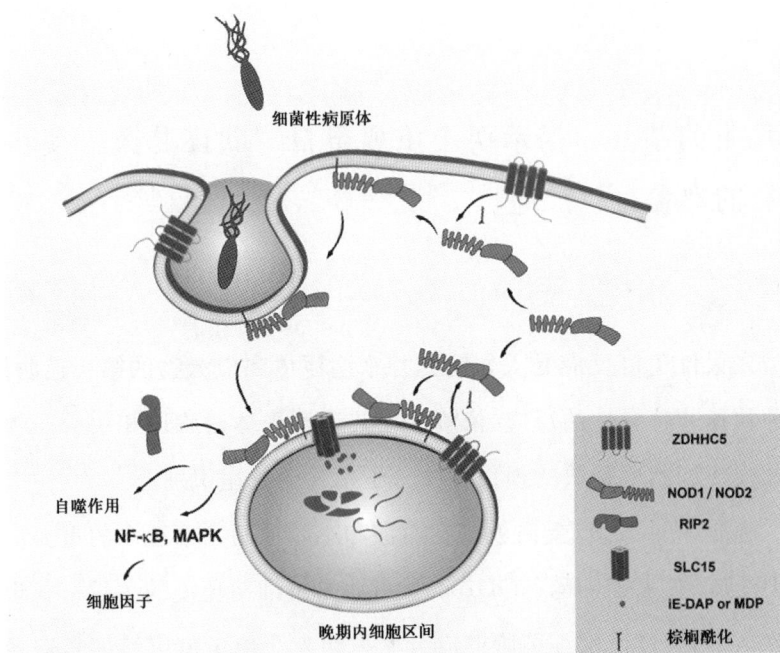

细菌性病原体

自噬作用

NF-κB, MAPK

细胞因子

晚期内细胞区间

▥	ZDHHC5
⌇	NOD1 / NOD2
⬮	RIP2
▯	SLC15
•	iE-DAP or MDP
ᴵ	棕榈酰化

ZDHHC5 介导的 NOD1/NOD2 棕榈酰化过程示意

"哨兵"如何在其位谋其政？

NOD1 和 NOD2 蛋白是炎症性肠病（IBD）先天性免疫的重要识别受体。作为"哨兵"的模式识别受体各有各的岗位，有的在"城墙"上工作，有的在"城墙"内工作。

很长一段时间，科研人员认为 NOD1 和 NOD2 蛋白这两个"哨兵"

主要在"城墙"内的细胞质中工作,通过侦探"敌情",释放炎症因子,"招募"下游的白细胞吞噬病原菌或者修复受损部位,恢复细胞结构。

随着研究的深入,科学家们发现 NOD1 和 NOD2 蛋白不仅在"城墙"以内,而且还贴着"城墙"工作。然而 NOD1 和 NOD2 蛋白缺乏结合膜结构域,天然与细胞膜"磁场不合",那它们为什么能在这里"防守"呢?科学家们一直在寻找其中的奥秘。

Dante Neculai 团队的科研人员发现,NOD1 和 NOD2 蛋白通过酰化修饰,把一个 16 碳的饱和脂肪酸连接到了细胞膜疏水层,这就好像一个"锚"把哨兵固定在城墙内侧。

那么谁给了 NOD 蛋白这个"锚"呢?科研人员继续"破案",发现是棕榈酰化转移酶(ZDHHC5)这个"司令",把棕榈酰脂肪酸这个"锚"安放给 NOD1 和 NOD2 蛋白这两个"哨兵",这样,它们就可以老老实实地待在"城墙"内侧抵御"外敌"(病原菌)入侵。

锚定在"城墙"上是这么重要

NOD1、NOD2 的工作机制是:ZDHHC5 受到外来病原菌刺激后,对 NOD1、NOD2 进行棕榈酰化修饰,进而使这两个蛋白到细胞膜上工作,介导细菌内吞。随着细胞质联合形成内吞体,内吞体演变成晚期内吞体,之后各种各样的水解酶把细菌消耗降解,降解成片段后,里面的有效成分可以通过内吞体上的转运体"通道"进入细胞质中,进一步激活处于细胞质中的 NOD1、NOD2,进而激活下游的炎症反应。

对于整个炎症通路,很多科研人员思考的是为什么要到"城墙"上工作?

病原物的入侵就如同发生"火灾","哨兵"看到后,立即向大家报告,才能引来其他细胞一起"救火"。由此可见,作为哨兵的 NOD1 和

NOD2 发现敌情并向下游报告的工作，是整条通路中的重要一环。

"当激活炎症通路后，巨噬细胞就会释放炎症因子，炎症因子能够招募血液中更多的白细胞，黏附在损伤和被入侵部位，进而或修复这个部位，或吃掉病菌。"Dante Neculai 说。不把 NOD 蛋白锚定在细胞膜上，就不能有这一连串的反应。要是不"锚"在细胞膜上，离着八丈远就无法第一时间汇报"火情"，从而造成进一步感染，使疾病发生或恶化。原来一直知道"哨兵"定位特殊这个现象，但是不知道是谁让"哨兵"守护在那里的具体分子机理。

NOD1 和 NOD2 是天然免疫研究的两个模式分子，可以对病原识别等研究提供重要的理论和实例借鉴。匿名评审专家表示，该论文显示出作者们的研究工作非常严谨，多条线索阐明了文章主旨；这项研究发现具有很高的创新性，将会在病原性免疫反应领域引起广泛关注。

为什么是 ZDHHC5 这个"司令"呢？

科研人员顺着细菌进入细胞的两个线路去发掘线索，他们发现，不论是细菌直接入侵，还是通过内吞体间接进入细胞，都会发生棕榈酰化，让 NOD1 和 NOD2 带上"锚"。然而棕榈酰转移酶有 24 个"成员"，确定哪一个才是真正的目标靶点是工作中的重要环节。

科研人员将与 NOD1 和 NOD2 有关的互作蛋白都查了一遍，寻找"究竟是谁给了它们'武器'"，通过绘制网络，目标聚焦在了 ZDHHC5 上。而且科研人员发现，上膜和下膜还是一个循环的过程。ZDHHC5 先从细胞中拿到"锚"，然后再转移到 NOD1 和 NOD2 身上。当有外敌入侵时，会有更多催化信号。

Dante Neculai 教授的团队采用新的蛋白互作质谱联用法

（BioID）、酰基生物素置换法（ABE）及荧光素酶报告系统、基因敲除鼠等手段，发现 NOD1 和 NOD2 的棕榈酰化修饰是影响其亚细胞定位及正确免疫应答功能的关键因素，并鉴定了 NOD1 和 NOD2 棕榈酰化的发生位点及相应的棕榈酰转移 ZDHHC5。ZDHHC5 主要定位于细胞膜，NOD1、NOD2 能够在此被棕榈酰化，从而定位于细胞膜。

另外，在沙门氏菌的侵袭下，ZDHHC5 能够被"招募"于含病原菌的内体膜，从而吸引并修饰胞质内更多 NOD1、NOD2，使其定位于内体膜。各种 SLC（溶质转运蛋白）家族的转运蛋白将病原菌细胞壁中的肽聚糖组分（如 MDP、DAP）转运至细胞质中，棕榈酰化修饰的 NOD1 和 NOD2 能够识别并诱发细胞内 NOD1 和 NOD2 介导的免疫应答，从而促使"入侵者"被自噬降解及宿主细胞炎症因子的释放。

"在全球范围内，肠炎每年会造成成千上万人的死亡。"孙启明表示。目前的发现可以在临床上为遗传性肠炎提供诊断的新标志；未来还有望通过设计治疗方案，开发潜在化合物，让蛋白的功能恢复，从而缓解或者治愈炎症性肠病。

本研究得到科技部、国家自然科学基金委、浙江省自然科学基金等项目的资助。除了论文中列出的单位和作者，浙江大学公共科研平台及其他一些实验室都对本项目的顺利完成给予了大力支持。

（文：柯溢能、吴雅兰）

"看清"钾-氯共转运蛋白的结构，为治疗癫痫提供新思路

人体细胞内的钾、钠、氯等离子稳态是受到严格调控的，离子稳态一旦失衡，就会导致高血压、抑郁、癫痫等一系列疾病。而在细胞膜上，有一类被称为阳离子-氯离子共转运蛋白的蛋白质，可以带着离子进入和离开细胞，从而有效调控细胞内的离子稳态。然而长期以来，由于缺乏精确的结构信息，人们对这类蛋白的工作机理还不甚了解。

浙江大学医学院郭江涛课题组解析了这类蛋白质中的一个成员——人源钾-氯共转运蛋白 KCC1 的 2.9 埃（1 埃 $= 10^{-10}$ 米）的高分辨率冷冻电镜结构，揭示了钾离子和氯离子的结合位点，提出一个钾-氯共转运机理的模型，这将为相关的疾病治疗和药物设计提供新的视角。

这项研究刊登在国际顶级杂志《科学》上。浙江大学医学院刘斯博士、冷冻电镜中心常圣海博士和物理系硕士生韩斌铭为文章的共同第一作者。

为何雾里看花？

一般来说，人体细胞内的钾离子浓度是高于细胞外浓度的。钾-氯共转运蛋白（KCC）利用这个钾离子浓度梯度，将细胞内的钾离子和氯离子一起转运至细胞外，从而调控细胞内的氯离子浓度。

氯离子浓度是一个很关键的指标。例如，在 γ-氨基丁酸介导的抑制性神经传递过程中，抑制性神经元需要维持细胞内较低的氯离子浓度才能发挥正常的抑制作用。正是由于钾-氯共转运蛋白中的一个成员 KCC2 不停地将细胞内的钾离子和氯离子转运至细胞外，才使得抑制性神经元细胞内能够维持较低的氯离子浓度。如果 KCC2 发生突变，抑制性神经传递就会受到破坏，这样一来，神经元会持续放电，从而引发各种神经系统疾病，如癫痫等。

既然 KCC 的功能如此重要，为何科研人员长久以来都没有揭开这个"家族"的面纱呢？

郭江涛研究员介绍说，这主要受限于两方面的因素。一方面，钾-氯共转运蛋白的样品获取不容易。要想做结构研究，首先得有溶液状态下的大量、均一的蛋白样品。但因为钾-氯共转运蛋白在细胞内的本底含量很低，为了获得大量的蛋白样品，就需要将蛋白的基因包裹在杆状病毒中，用杆状病毒感染大量的哺乳动物细胞进行过量表达。在蛋白纯化过程中，由于钾-氯共转运蛋白是定位于细胞膜上的膜蛋白，具有很强的疏水性，在水溶液中膜蛋白不稳定，易于沉淀，需要溶解在双亲性的去污剂中。因此，钾-氯共转运蛋白的纯化和样品制备的过程比一般的水溶性蛋白更加复杂和困难。蛋白纯化过程就像是大浪淘沙，培养几升的细胞，经过逐步纯化，最终只获得 100 微克左右的蛋白样品。

另一方面,较小分子量的膜蛋白的高分辨率结构解析一直具有挑战性。如果采用传统的晶体学解析这种膜蛋白结构,通常需要花费几年的时间,而且就算投入大量的人力和经费,最终结果也往往不理想。近年来,冷冻电镜技术的发展为解析膜蛋白结构提供了便捷的途径。不过,困难依旧存在。"冷冻电镜通常对分子量大于150千道尔顿(道尔顿为相对原子质量单位,1道尔顿等于1克的6.02×10^{23}分之一)的蛋白质的结构解析非常有效,分辨率往往在3.5埃左右;但对于小分子量蛋白质的高分辨率结构解析仍然比较困难。"郭江涛说。以KCC1为例,最终解析结构部分的分子量只有120千道尔顿,分辨率为2.9埃,这对于一般的冷冻电镜结构生物学研究来说,是很不容易的。

飞越迷雾把"你"看清楚

刘斯经过大量的蛋白表达和纯化条件的优化,最终获得足够量的可用于冷冻电镜数据收集的KCC1蛋白样品。此时,浙江大学冷冻电镜中心的300kV的高性能冷冻电镜Titan Krios派上了大用场。

然而,有先进的冷冻电镜,也不一定能拍出好照片。生物大分子样品对曝光非常敏感,电子的辐射会让其受损伤。拍照只能在曝光时间短、剂量低的情况下进行,但这也直接导致了拍摄"噪声"大。"拍到理想的照片真可谓是一波三折,课题组的研究从2017年就开始了,但真正拿到高分辨结构已经是2019年初了。"常圣海说。

为了减少电子对蛋白的辐射损伤,蛋白样品需要在冷冻环境下进行数据收集。这又是个技术活。在数据收集前,科研人员用液态乙烷把蛋白溶液样品快速冷冻在一张"铜网"上。铜网的每个目下面是一个方格,里面有几百个通透的孔,蛋白颗粒就被玻璃态的冰层包裹在这些孔中。但是,问题又来了。一般的冰层厚度在100~200纳米之间，而 KCC1 蛋白的直径在 8～10 纳米之间。这就好像要在十几米深的泳池里寻找 1 米长的目标。

为了提高分辨率，刘斯和常圣海先是"削薄"冰层，然后再不断调整参数，让冷冻后的 KCC1 蛋白颗粒能够密集而均匀地分布在冰层较薄的区域。这样不仅可以显著降低冰层的"噪声"，提高分辨率，而且可以增加每张照片的蛋白颗粒数量，提高数据收集效率。

电镜数据收集的过程，有点像电影的拍摄手法：在 8 秒的时间内连续拍摄 40 张照片，形成一部"微电影"。科研人员通过图像处理，将微电影"叠加"成一张照片，这样可以显著提高照片的信噪比，获得更为清晰的画面。课题组从 3000 多部"微电影"中，挑出了一两百万个蛋白颗粒进行数据处理。经过层层筛选，最终用十万个左右的高质量蛋白颗粒进行高分辨率三维重构。

课题组最终获得了两套 2.9 埃高分辨率的 KCC1 的三维结构。"这项工作首先得益于近年来冷冻电镜技术的发展；刘斯和常圣海在蛋白样品制备和数据收集处理方面的经验和决心是课题取得进展的关键因素。"郭江涛评价道。

令人兴奋的发现

分析了 KCC1 的高分辨率三维结构后，研究人员发现 KCC1 以二聚体的形式存在，它的跨膜区与胞外区均参与了二聚体的形成。在 KCC1 结构中，研究人员鉴定出一个钾离子和两个氯离子的结合位点；结合离子转运实验、分子动力学模拟、结构比较等方法，该研究阐明了 KCC1 以 1∶1 的比例同时同向转运钾离子和氯离子的分子机理。

"阐明分子机理，不仅需要高分辨率三维结构，而且需要离子转运活性实验、分子动力学模拟进行验证。范德比尔特大学的 Eric Delpire 和浙江大学物理系的李敬源团队在这方面提供了专业的技术支持。"论文的资深作者叶升教授高度评价合作者的工作。

"物质的跨膜运输是人体细胞与外界进行物质、能量和信息交换的重要途径，"郭江涛介绍说，"在转运钾离子和氯离子的过程中，KCC1 就好像细胞膜上有一个旋转门，朝内这一侧的门先打开，离子结合到 KCC1 上进入旋转门内；然后朝外这一侧的门打开了，离子通过旋转门释放到细胞膜外。"

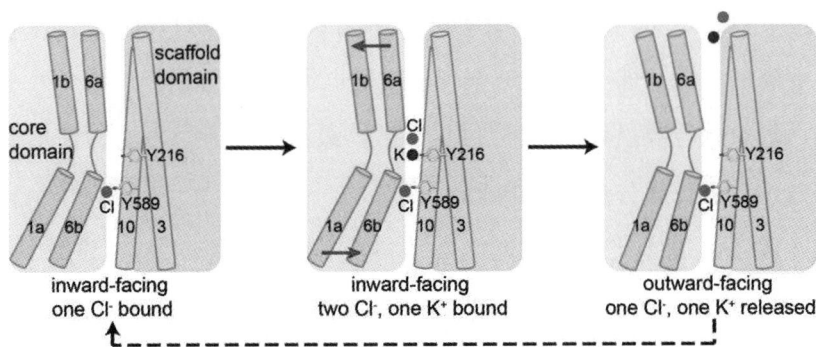

KCC1 共转运钾离子和氯离子的模型；第二个氯离子首先结合在第二位点，然后钾离子和第一个氯离子结合；KCC1 的构象由内向态向外向态转变，钾离子和第一个氯离子释放至细胞外。

获得了 KCC1 的高分辨率电镜结构，将有助于下一步设计针对 KCC 的药物，为治疗癫痫等疾病提供帮助。文章评审人认为："这项工作揭示了一个令人兴奋的人源转运蛋白的结构。"

这项研究的主体工作在浙江大学完成，浙江大学冷冻电镜中心为数据收集提供了大力支持。浙江大学医学院的郭江涛研究员整合了得克萨斯大学西南医学中心白晓辰团队、浙江大学叶升团队、范德比尔特大学的 Eric Delpire 团队以及浙江大学物理系的李敬源团队等研究力量,体现了跨学科合作的优势。本工作还得到了浙江大学医学院杨巍教授、冷冻电镜中心主任张兴教授的帮助。本研究得到国家自然科学基金、科技部重点研发计划等项目的资助。

（文：宗　河）

免疫系统"倒戈"也会引发焦虑？

"人的一生总不会一帆风顺，需要以平常心对待，以免因过多的压力陷入焦虑。"这恐怕是现代社会人们听得最多的一句忠告了。

科学技术和物质文明高度发达的今天，人们内在的平和与快乐的情绪却没有随之增长，每个人都或多或少感到压力，长期的心理压力会增加抑郁和焦虑的患病风险，而严重的焦虑会把人拖入烦恼的恶性循环，在精神和肉体上不断产生内耗，最终造成难以挽回的损伤。此前，科学界一般认为抑郁症、焦虑症等心理疾病的"元凶"在中枢神经系统本身，较少关注生物体的其他组织器官在此过程中扮演的角色。

浙江大学生命科学研究院靳津实验室研究发现 $CD4^+T$ 细胞嘌呤合成代谢功能紊乱在慢性应激诱导的心理疾病中的重要作用。这对于加深对神经发育、精神疾病与免疫生理功能之间联系的理解，了解抑郁症和焦虑症的发病机制并研发新的药物具有重要意义。相关研究成果以 "Stress-induced metabolic disorder in peripheral $CD4^+$ T cells leads to anxiety-like behavior"（应激引起的外周 $CD4^+$ T 细胞代谢紊乱导致类似焦虑的行为）为题，在国际顶级学术期刊《细胞》（*Cell*）在线发表。浙江大学生命科学研究院博士研究生范柯琪与李异媛博士为论文的共同第一作者，浙江大学靳津教授与东南大学柴人杰教授为论文的共同通讯作者。

"变废为宝"，剧情反转

CD4$^+$T细胞主要存在于血液及各外周免疫器官中，主要功能是免疫监控和宿主防御，在B细胞抗体的生成和CD8$^+$T细胞的活化中发挥着重要的辅助功能。细胞中的线粒体为生命活动提供了能量，对于细胞的正常发育与维持至关重要。

早在2017年，靳津实验室就开始寻找线粒体形态与免疫应答之间的关系，虽然发现线粒体可以调控先天免疫细胞白介素-12（IL-12）的表达，但与T细胞介导的炎症性疾病没有明显的相关性，实验也就进入停滞状态。此时，另一个课题组正在开展对听觉作用机制的研究，靳津课题组与他们分享了T细胞特异性线粒体分裂的实验小鼠，以便接受更多的检测。对方课题组发现了一个意料之外的现象：这批原本计划作为正常听力对照组的小鼠表现出听觉能力的严重下降。

"会不会是检测出错了？"靳津教授回忆起当时的情景，大家的第一反应是很惊讶，因为此前还没有任何研究表明在没有炎症的情况下，T细胞特异性线粒体分裂小鼠会出现听力衰退这种神经性疾病。在多次检测之后，研究人员确认了实验结论的真实性和稳定性。"听觉能力与中枢神经有关，我们猜测或许这类小鼠同时有着精神系统方面的疾病。"根据靳津教授的这项猜测，实验组取回这些小鼠，利用各种动物行为学实验对小鼠进行了关于学习记忆、焦虑抑郁、社交能力等方面的检测。实验结果非常引人关注，小鼠体内的CD4$^+$T细胞在线粒体碎裂的状态下，会导致小鼠表现出严重的焦虑行为。

研究人员同时还尝试给实验小鼠施加各种外源性的压力刺激，检测了小鼠在慢性应激压力后的行为改变，他们惊奇地发现：T细胞在这些压力导致的焦虑行为中扮演了不可或缺的重要角色。靳津表示，这项研究表明了焦虑这类神经系统疾病与免疫系统的紧密联系。

"长臂管辖"，直达恐惧中心杏仁核

$CD4^+T$细胞在正常状态下，是生物体健康的守卫者，这次实验组发现的，就是T细胞"临阵倒戈"，引发焦虑这种负面状态的现象。根据已有的研究，中枢神经系统是免疫豁免器官。因为中枢神经系统非常重要，为了免遭外界影响，动物体进化出了血脑屏障，将外周免疫细胞挡在神经中枢外部，防止这些外周免疫细胞干扰神经元的正常工作。

那$CD4^+T$细胞是如何穿越血脑屏障、"长臂管辖"神经中枢的呢？原来，在正常情况下，线粒体会促进葡萄糖通过糖酵解模式实现放能，使葡萄糖水解后变成丙酮酸，进入三羧酸循环为细胞正常运行提供能量。科研人员发现，在线粒体碎裂的$CD4^+T$细胞内，葡萄糖并未通过正常的糖酵解途径代谢，而是通过戊糖磷酸途径合成了大量嘌呤类物质（黄嘌呤）释放到细胞外。不同于T细胞本身，这些黄嘌呤可以轻松地通过血脑屏障，到达大脑的情绪处理中心——杏仁核。黄嘌呤通过细胞表面的嘌呤受体作用于杏仁核中的少突胶质细胞，引起少突胶质细胞的异常活化与增殖，最终造成"恐惧中心"局部神经元的过度活跃，引发小鼠严重的焦虑行为。

技术进步让科学家看得更清晰

免疫系统如何干预神经系统？最初，靳津实验室对解答这个问题也并没有足够的把握。随着高通量测序技术的不断发展与完善，整合

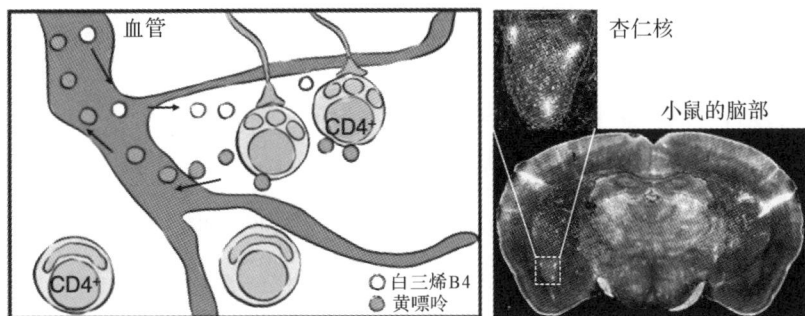

线粒体碎裂的 CD4$^+$ T 细胞产生黄嘌呤，进入血液循环后影响杏仁核

多种组学数据的技术也日趋成熟。于是，科研人员通过一系列组学的大数据工具，绘制了一张大脑免疫图谱，尝试按图索骥找到 CD4$^+$ T 细胞的作用模式，进而找到 T 细胞与神经系统之间联系的蛛丝马迹。

"脑部细胞类型众多，没有单细胞测序的帮助，很难知道来源于 T 细胞的黄嘌呤作用于谁，引起了脑部怎样的变化。"靳津表示。多组学工具让原本只能管中窥豹的科学家们，能从一个更大的视野去看待这些生理变化和细胞之间的相互关系。

"随着技术的进步，我们对大脑的分析结果从只能看到一团细胞，到能够看清每一个细胞所处的状态。这有助于我们发现早期很难认识到的新信息。借由此技术，我们也发现了外周 T 细胞与少突胶质细胞之间的紧密联系。"靳津说。

那是不是只要观察手段进步，很多科学研究问题就能迎刃而解？

答案是否定的。靳津认为，要有明确的科学问题作为导向，加之用好科学工具，才能事半功倍。

为未来焦虑症药物研发推开一扇新大门

多位科学家独立审查了这项工作，他们一致认同这项工作具有重要的潜在意义。哈佛医学院的研究者认为："作者发现了通过靶向药物抑制 $CD4^+T$ 细胞黄嘌呤合成，从而对中枢神经系统的神经回路功能进行调节的可能性，为那些免疫系统失调而导致精神疾病症状的患者提供了精准治疗设计的方向。"

靳津分析说，未来临床上可以设计一些血液检测的量化指标用于评判焦虑症的严重程度，也能给治疗效果提供一个客观的评价，与目前临床上通过问卷填表的录入方式相结合，可以使病情判断更加准确。

这项研究的另一个重要作用还在于焦虑症药物的开发。目前，焦虑症的大多数治疗药物直接靶向中枢神经系统，常伴随严重的副作用，对多区域的神经元都有影响，如果能进一步找到特异的 T 细胞，通过外周的靶点实现对焦虑或者抑郁症的干预，就能为临床医学药物研发推开一扇新的大门。

对于研究的应用，靳津还有更深一步的考虑。目前有数据显示，在患有肠易激综合征的病人中，有高达30％左右的患者同时伴有严重的焦虑症状，但其背后的机制不明，这一直困扰着临床的治疗医师。靳津组研究发现，在这类病人外周血内同样检测到黄嘌呤水平的上升，因此该研究可能为临床多种疾病状态下伴随性精神疾病的治疗提供潜在的干预靶点。靳津表示，希望未来能给焦虑症等精神类疾病画一张更大的"地图"，更加清晰地描绘多系统如肠道菌群、代谢改变、免疫反应和中枢神经间的相互关系，为最终攻克严重焦虑症提供更加精准的解决方案。

（文：吴雅兰、柯溢能）

不明原因的周期性发烧可能是因为基因突变?

每个星期总有几天要发烧、从出生起大部分时间都在医院度过……光是听听这样的症状就让人心疼。2018年,复旦大学附属儿科医院就收治了一位这样的小患者,两岁多的孩子,在没有感染的情况下,反复周期性发烧,伴有淋巴结肿大。医生怀疑这是一种遗传病,但一直查不出具体原因。

不过,自从医生在研究人员的建议下尝试了新的治疗方案,患儿的病情逐渐好转,发烧频率明显下降。原来,悬而未决的病因找到了——浙江大学生命科学研究院周青研究员实验室经过与医院合力攻关,首次发现人类受体相互作用蛋白RIPK1变异可以导致自身炎症性疾病。科学研究揪出"幕后元凶",临床医生对症下药,治疗效果非常喜人,着实让人备感欣慰。

在解析发病的分子机制过程中,周青课题组发现,病人体内的RIPK1基因发生突变,导致其编码的RIPK1蛋白在蛋白酶Caspase-8的切割位点上发生氨基酸变化,使得RIPK1无法被正常切割。这样的改变破坏了RIPK1正常的激活模式,使其活性增加,在某种程度上促进了细胞的凋亡和程序性坏死。由于细胞的"生死"平衡被打破,病人体内炎症因子水平异常升高，自发产生发烧等炎症表型。这个致病机制的发现为临床提供了更加精准的个性化治疗方案。同时，科研人员还发现不同种类的细胞对相同的RIPK1突变有不同的应对"措施"，提示了人体的不同组织和细胞在相同基因型下可以表现出截然不同的表型，这一发现丰富了人类对RIPK1在调节不同种类细胞死亡中的作用的认知。

这项研究成果被国际顶级期刊《自然》在线刊登。浙江大学周青课题组博士生陶攀峰、王俊和王诗豪为本文共同第一作者，浙江大学周青、俞晓敏研究员，哈佛大学医学院袁钧瑛教授和复旦大学附属儿科医院王晓川主任为论文的共同通讯作者。

不明原因的周期性发烧，可能是基因突变

很多自身炎症性疾病是一类单基因的遗传病，通常来讲就是周期性、反复性的发烧伴随皮疹、关节炎等症状。在国内的科室也有很多这样的不明原因发烧病例，之前一般认为是感染引起的，很少与遗传病联系起来，所以在治疗上以广谱性抗生素类药物为主，但是实际上并没有效果。只有用激素治疗才能把炎症和发烧控制住，然而激素一停，系统性炎症与发烧又卷土重来。众所周知，长期用激素治疗对幼小患儿的生长发育有一定的副作用，因此，要意识到这类反复性发烧是自身炎症性疾病，并且对这类自身炎症性疾病进行遗传诊断，才可以对病人进行更精准的对症治疗。

复旦大学附属儿科医院王晓川主任接诊的患儿在接受了全外显子测序检测后仍然无法确诊病因，传统的治疗方法效果一直不理想。王晓川判断，孩子很有可能患有自身炎症性疾病，很可能发生了一个尚未被发现和阐明的新基因突变。于是，王晓川主任把这个患儿的基

因组数据交给浙江大学生命科学研究院周青团队重新解析。

周青团队通过生物信息学分析后，很快发现患儿的 RIPK1 基因存在单碱基突变，导致其编码的 RIPK1 蛋白在蛋白酶 Caspase-8 的切割位点发生氨基酸变化，影响其被 Caspase-8 正常切割。RIPK1 是受体相互作用蛋白（RIP）激酶家族的一员，参与了决定细胞"生死存亡"的多种重要信号通路，其激酶活性在 RIPK1 依赖的细胞凋亡和细胞程序性坏死进程中发挥重要的调节作用。

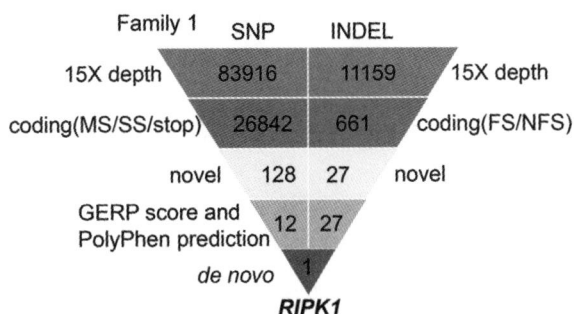

全外显子数据分析找到致病基因 RIPK1

之前《细胞死亡与疾病》（*Cell Death & Disease*）就报道过小鼠 RIPK1 突变会导致胚胎期死亡。2019 年 9 月，《自然》杂志也有一篇报道认为小鼠 RIPK1 蛋白的切割对抑制细胞凋亡和坏死起重要作用。然而，对于人类 RIPK1 该切割位点发生变异对控制细胞程序性死亡的重要信号通路和人类健康的影响还未有报道。

周青说："这个基因该位点的突变在小鼠中已有研究，可以为我们研究该基因的致病机制提供重要线索，但是在人体中是什么样的表型，还是要具体问题具体分析。"人类 RIPK1 的突变会给相关信号通路带来哪些变化？这些变化是如何影响人类健康的呢？课题组由此开展深入研究。

"整容"逃脱的 RIPK1，引起细胞死亡惨案

原来，并不是任何形式的 RIPK1 蛋白都能够促进细胞凋亡和细胞程序性坏死。在正常情况下，这种蛋白会被切割，不会引起炎症反应；而无法被正常切割的 RIPK1 蛋白会引起自身激酶活性的提高，进而导致其介导的细胞凋亡、细胞程序性坏死增加，引起炎症因子的释放，导致炎症反应。

正所谓"打蛇打七寸"，要切割 RIPK1 蛋白这根"导火线"也必须精准到切割位点。RIPK1 蛋白中间结构域中有一个蛋白酶 Caspase-8 的切割位点，RIPK1 就是在这个关键的"点"被切割为两个短片段，不再具有激酶活性。

在正常人体内，全长的和切割的 RIPK1 并存，所以并不会发生健康问题。而在 RIPK1 发生突变的病人体内，全长的 RIPK1 蛋白比例提高，切割的 RIPK1 减少了。为什么会发生这种变化呢？在对致病机制的研究中，课题组发现患者体内的 RIPK1 蛋白在这个位点发生了氨基酸突变，使得原本应该被切割的它"毫发无损"，仍然处于全长蛋白状态，就像做了个整容术，"切割机"认不出来，也就无从下手了。

"这种新型自身炎症性疾病的发病机制是一个恶性循环。"周青说，基因突变导致 RIPK1 蛋白无法被蛋白酶精准定位切割，这样一来，它就持续处于激活的状态，导致更多细胞的凋亡和坏死，而细胞的凋亡与坏死可激活炎症因子的释放，增加的炎症因子又进一步促进了细胞的死亡。

研究人员在对病人的血清和外周血单个核细胞的研究中，均发现了较高水平的炎症因子。"IL-6、TNF 这些炎症因子水平都超级高，特别是病人发烧的时候。"同样在老鼠细胞中也发现，携带有 RIPK1 该

位点突变的小鼠细胞对刺激更敏感，会释放更高水平的炎症因子，同时更趋向于细胞死亡。

如果只有一个病例，周青还不敢贸然下结论。就在这时，她收到了来自加拿大的一个患有相似疾病表型的家系的数据：35岁的妈妈和她的三个儿子，患有不明原因的反复发烧，伴有淋巴结肿大、肝脾肿大等。而他们全外显子测序数据的分析结果显示该家系的RIPK1基因也携带有相同位点的突变。"从我们对两个家系基因组数据分析和功能实验结果来看，都证明了RIPK1该位点的功能获得性突变导致了疾病。"

同时，课题组在研究中还意外地发现病人皮肤成纤维细胞对于不同种类的细胞死亡都有较高程度的抵抗作用。研究进一步发现，皮肤成纤维细胞内，RIPK1、TNFR1等蛋白表达水平明显下调，细胞内的还原型谷胱甘肽（GSH）含量高，活性氧（ROS）含量低，这些变化部分解释了细胞对不同死亡形式的抵抗。这一现象提示病人成纤维细胞为应对RIPK1变异导致的对多种刺激的高敏感性发展出多种补偿机制以维持机体稳态。

"罕见病"并不罕见

论文的评审专家认为，这项研究很新颖，对理解人类细胞死亡的调控意义重大，还特别提到该项研究的临床治疗非常有价值。

目前，对于治疗自身炎症性疾病，针对不同的炎症反应通路，已经研发出多种不同的生物抑制剂。如果能够确定是哪种炎症因子或者哪条炎症信号通路引起的疾病，对临床医生来说，意味着能够更加有的放矢，对症下药。

在这项研究中，科研人员发现炎症因子IL-6在病人体内大量表达及其引发机制，于是在临床中建议使用针对 IL-6 受体的抑制剂，"我们在研究中已经明确病人体内存在 IL-6 的激增及其原因，这种高浓度的炎症因子势必会引起高水平的炎症反应，因此建议临床上可以采取 IL-6 受体抑制剂进行治疗"。

复旦大学附属儿科医院王晓川主任因此开始对患儿使用 IL-6 受体抑制剂，很快，患儿的症状得到明显好转。"正是因为对疾病机理的深度研究，才可以更加精准地用药。"

自身炎症性疾病虽然是罕见病，但其实有相对庞大的患者群体。周青介绍她之前做的另一项 DADA2 病例研究，刚开始只有 9 个病人，但是论文发表后，全世界各地相继发现、报道的病例有 400 多例。"按照其基因致病突变位点在中国人群中的频率推算，可能有几十万病人。"

面对庞大的病人群体，探究人类遗传病致病基因和解析致病机理的科研任务重大而紧急。在层出不穷的基因奥秘面前，不仅需要有顶尖的技术支持，更需要社会多方面的联合力量，共同推动科研和临床的发展，造福更多被自身炎症性疾病折磨的病人。

该研究得到国家重点研发计划重点专项项目（2018YFC1004903）、国家自然科学基金面上项目（31771548、81971528）、浙江省杰出青年项目（LR19H100001）和浙江大学基本科研业务专项（2018QN81009）的支持。

（文：柯溢能、吴雅兰）

构筑"分子围栏"，实现甲烷到甲醇的高效率转化

甲烷是天然气、页岩气等的主要成分，储备量相对丰富，价格低廉。甲醇是生成基础化学品的重要平台分子，具有高附加值和高应用价值。这两个"姓甲的兄弟"，一个具有产量优势，一个极具产品优势，科学家一直想为"两兄弟"牵线搭桥，但甲醇过于活泼的"性格"却让其选择性活化和定向转化成为世界性难题。

经过 3 年多的集中攻关，浙江大学肖丰收教授和王亮研究员团队构筑起了一系列"分子围栏"多相催化剂体系，在 70℃ 的温和条件中将甲烷高效率转化为甲醇，转化率为 17.3％，甲醇选择性达到 92％，是当前的最高水平。

这项研究被国际顶级杂志《科学》在线刊登。浙江大学 2016 级博士生金竹为论文第一作者，浙江大学肖丰收教授和王亮研究员为论文通讯作者，浙江大学是本论文的唯一通讯单位。

从羊圈里找到灵感

氢气与氧气反应生成俗称为双氧水的过氧化氢，双氧水再通过催

化剂与甲烷反应生成甲醇。这是摆在教科书中的一个化学反应式,但要在实验中制备却非常难,甲烷的转化率很难突破3%。这是因为"顽皮"的双氧水一旦生成,会很快"跑走"被稀释而不与甲烷充分反应;另外,"活泼"的甲醇也会与甲烷"竞争"与双氧水发生反应。

通常,工业生产甲醇是从煤化工中制备,并可用于烯烃和芳烃的合成。作为一个重要的平台分子,甲醇是基本有机原料之一,在化工领域中有着举足轻重的地位。比如可以用作清洗去油剂、生长促进剂,还可以作为农药、医药的原料,其中非常重要的是甲醇可以制备有着"化工之母"之称的乙烯、丙烯。

说回甲烷变甲醇反应,这个反应效率低的问题摆在那儿几十年,科学家们想过各种方法要把效率提升上去,但就是拿这对"兄弟"毫无办法。

强扭的瓜不甜,怎么办呢?

肖丰收和王亮团队从如何锁住"顽皮"的双氧水角度出发开展研究。他们想到农村中的羊圈,通过打造围栏让羊群无法跑走。"何不试试在反应中也加一个'围栏',圈住双氧水?"肖丰收说就是这么灵光一现的想法,他们着手实验,很快就成功了。

他们做的分子围栏非常小,厚度只有分子尺度,圈住的范围只有几百纳米,是在沸石晶体表面刷了一层疏水长链烷烃。"我们用长链烷烃来做'分子围栏',这样亲水的过氧化氢被围在了催化剂里,无法扩散出去。"王亮介绍,而氢气、氧气和甲烷却依然能够进入反应区,同时甲醇生成后能很快跑出来,不会和甲烷"竞争"反应。

就是这么一层"分子围栏",在实验中使双氧水的富集浓度达到一万倍,让甲烷氧化反应加快进行。王亮打了一个比方:这就好像敷面膜,牢牢锁住了水分,只不过这里锁的是"双氧水"。

以鸡蛋为设计模型

《科学》杂志的匿名评审表示，这项工作针对非常具有挑战性的催化反应，巧妙地设计了与反应步骤相匹配的"分子围栏"的催化剂。

这个结构妙在哪里？在分子筛晶体几百纳米的反应区，科研团队在"螺蛳壳里做道场"。用肖丰收的话说，整个结构就像是一个鸡蛋："金属催化剂是蛋黄，沸石分子筛是蛋清，分子围栏是蛋壳。"

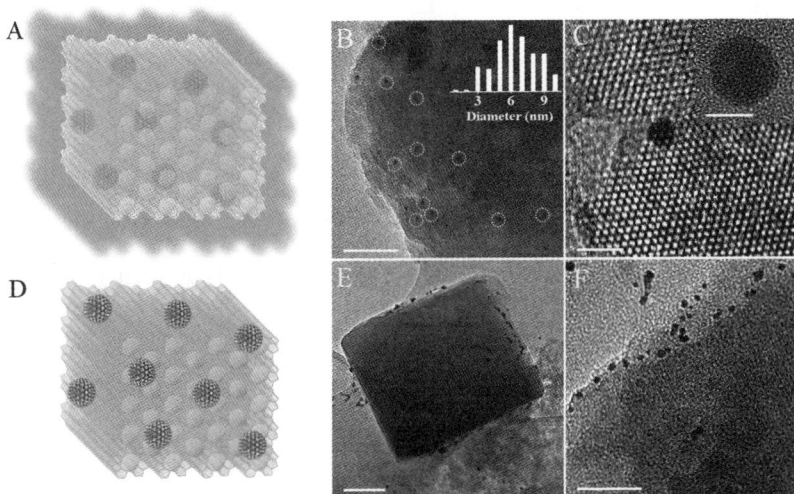

A－C：分子围栏催化剂的示意图及 TEM 照片；外围部分代表疏水层，内部球状物代表金属纳米颗粒，中间部分是沸石骨架。

D－F：普通负载催化剂的示意图及 TEM 照片。

在催化剂的设计上，肖丰收、王亮团队可谓用足了心思。他们用沸石分子筛紧紧地裹住金属纳米颗粒催化中心，就像蛋清裹住蛋黄一样，这也就把金属催化中心稳固在其中，使它们不会再"跑来跑去"聚集在一起了。而这个沸石分子筛是炼油催化剂非常重要的成员，它能像筛子一样让需要反应的分子"通行"，同时挡住不需要的其他物质。

过去 10 多年，肖丰收一直致力于将"蛋黄"更高效、绿色地镶嵌到"蛋清"中。通过特殊工艺，科研人员将催化活性纳米颗粒嵌入沸石分子筛，就能让催化剂更加稳定，从而可以将效率发挥到最大。除了高效外，这个催化剂的制备过程也更绿色，"因为我们通过无溶剂的方式来合成，不会产生污染，而传统的水热方式合成，有些分子筛每合成 1 吨甚至会产生 100 吨废水"。

正是通过对沸石分子筛的大量实验，课题组一步步摸准了催化剂的"脾气"。实验室的台面上摆着一个个直筒形的反应釜，肖丰收说："我们实验室有 3000 个反应釜，我们以群狼战术，在单位时间内尽可能做更多实验，快速找到有效路径。"

当前，随着页岩气、海底可燃冰的进一步开发，甲烷在整个能源体系尤其是碳资源中将会扮演越来越重要的角色。对于未来的应用，肖丰收说，从基础原理到规模化应用还有很长的路要走，"随着甲烷变甲醇中附加值的提升，未来将有很多可能"。

本研究得到国家自然科学基金的重点项目、优秀青年科学基金项目、科技部重点研发计划项目、壳牌石油公司国际合作项目等的资助，部分实验得到了山西大学杨恒权教授课题组的帮助。

（文：柯溢能、吴雅兰）

抓住两只"兔耳朵",解密催化反应"黑匣子"

催化反应对于化学转化、化工制备有着重要意义,大部分工业反应都是催化反应,就连生物体内的新陈代谢、营养和能量转换也属于酶催化反应过程。尽管如此重要,但是科学家们还从来没有在原子尺度直接"看到"分子如何在催化剂表面发生反应。

打开这个催化反应"黑匣子",是科学界一直以来的梦想。经过 3 年多的研究,浙江大学电镜中心联合中国科学院上海应用物理研究所、上海高等研究院和丹麦技术大学,在环境透射电子显微镜中,首次在原子尺度观察到催化剂活性位点上水分子的吸附活化和反应。这对于揭示催化机理,进而设计更好的催化剂有着重要的意义。

这项研究被国际顶级期刊《科学》在线刊登。论文的第一单位为浙江大学,浙江大学材料学院袁文涛博士为第一作者,中国科学院上海应用物理研究所朱倍恩博士(现任职于中国科学院上海高等研究院)、博士生李小艳为共同第一作者;浙江大学材料科学与工程学院、浙江大学电镜中心张泽院士,王勇教授为通讯作者,中国科学院上海应用物理研究所高嶷研究员(现任职于中国科学院上海高等研究院)、丹麦技术大学 Wagner 教授为共同通讯作者。

电镜下抓到两只"兔耳朵"

为什么催化反应如此神秘,科学界努力这么久也没有直接看到过催化反应中的气体分子?主要是因为在电子显微镜中气体分子的衬度太弱了。张泽打了一个简单的比方:就像空气中微小的尘埃,因为其衬度低(散射光弱),在空气中的对比度不强,人眼很难辨识。

那么如何才能看到反应中的分子呢?有一天,王勇和张泽院士在办公室讨论这个问题的时候,正好一缕阳光射进窗户,原本看不见的尘埃立马显现出来。他们立即意识到,要想看到反应中衬度微弱的气体分子,就必须先找到那缕神奇的"阳光"。

为此,他们选择了被广泛研究、对环境无毒无害的二氧化钛(TiO_2)作为催化剂与水反应。其原因有二:一是因为水是万物之源,几乎所有的催化反应都有水的参与,科学界研究催化反应一般都是从水分子的环节入手;二是在张泽院士团队加入前,王勇从2009年就开展了对二氧化钛特定晶面的研究,对二氧化钛比较熟悉。

对于二氧化钛晶面的研究,其实王勇并不是最早的。2008年就有科学家制备出了具有(001)表面暴露的锐钛矿 TiO_2 纳米晶,但关于其表面的结构一直有很大争议,很大原因就是核心机理没有研究清楚。张泽说:"这就好比是'盲人摸象',知其然而不知其所以然。而要研究透彻,前提条件就是看清原子结构。"

原先偏重于物理方向的王勇对于二氧化钛表面化学反应的研究可以说是从零起步,但是张泽院士非常支持年轻人,尽管科研压力非常大,他仍然鼓励王勇要甘坐"冷板凳"。正是因为与二氧化钛长期打交道,王勇对其结构特质了如指掌。

二氧化钛(001)表面有一个特殊的重构结构,每隔四个原子会有一列凸起。王勇意识到，如果水分子全部吸附在这列凸起上，沿着这列凸起方向投影应该就能获得足够衬度的电子显微镜照片，从而可能看到水分子构型；这列凸起就是他们一直在寻找的那缕"阳光"。果然，按照这个设想去设计实验，团队首次直接观察到了水分子的解离吸附：实验中水分子进入体系后，解离为羟基和氢离子并与表面作用形成两个羟基和水分子的复合结构，附着在这些凸起上，从投影面看过去就像是长出了两只"兔耳朵"。

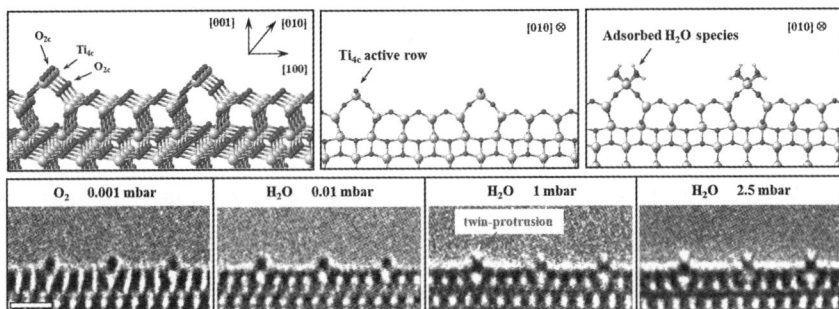

环境透射电镜在水蒸气环境下观察到 $TiO_2 (1×4)-(001)$ 表面由于水分子吸附引起的"双凸起"结构。

这个结构的确定是一个重要突破，因为两只"兔耳朵"为揪出看清催化反应这只"大兔子"奠定了基础。"这个催化反应中独特的结构变化，很难通过其他手段确定或者预测。"张泽院士说，"得益于球差校正透射电子显微镜技术，人们可以在原子尺度进行高分辨率成像，加之电子显微镜中原位反应技术的发展，使得在气体或液体环境中对固体样品进行原子尺度的显微观察成为可能。"

为催化剂设计打开一扇窗

浙大科研人员趁热打铁，在这个活性位点上做了一个催化反应，真正看到了催化反应的过程。在吸附解离水分子后，把一氧化碳引进到体系中，"兔耳朵"开始活动，某些时刻可以看到其中的一只或全部两只"兔耳朵"消失，这证实了催化反应的发生。这也是科学界首次从原子尺度直接观察到催化剂活性位点水分子的反应。

张泽院士团队这项研究的另一个亮点，就是把气体通入电子显微镜中，从温度、气压等各方面模拟出一个实际的化学反应环境。

橘生淮南则为橘，橘生淮北则为枳。王勇说之前很多类似的电子显微镜观察都是在真空环境中完成，但真空毕竟是现实中不存在的，而环境对材料结构和性能的影响非常大，所以团队致力于在真实的环境中研究材料的结构与性能。这次获得的二氧化钛表面水的构型就与别的团队在真空中得到的构型有很大的区别，进一步体现了在实际环境中研究材料的重要性。

"电子显微镜的威力就是能在原子级别上看清物质的结构，而这个科研利器并不是浙大独有，而且我们开展研究的时间也不是最早的，但为什么能够后来居上呢？"王勇说，"除了要有好的仪器外，还要有好的团队、好的想法和对材料的熟悉。特别重要的是，张泽院士给予我们年轻人非常宽松、开放的科研环境，让我们可以深入研究感兴趣的前沿工作。"

对于这项研究的意义，他表示，对二氧化钛表面重构和反应机理的把握，有助于未来制造与调控相应催化剂的特殊结构，指导后续的催化设计。与此同时，这也是一通百通的规律，对于其他催化反应的可视化研究也打开了一扇窗，"眼见为实，看到了相应的活性结构与反应过程才能知道未来朝哪个方向去开展催化剂材料的设计"。

以此为基础，团队已经积极开展后续试验。张泽院士鼓励团队，一方面要做科学前沿，另一方面要做实际应用，"顶天立地"。这项研究未来将在利用太阳能实现光解水等方面得到进一步开拓应用。

　　本研究得到了国家自然科学基金委、教育部、科技部、浙江省自然科学基金、上海市自然科学基金、中国科学院青年创新促进会、国家超级计算广州中心、上海超级计算中心、中国博士后基金、硅材料国家重点实验室的共同资助和支持。浙江大学化学系范杰教授亦给予了本研究大力支持。

（文：吴雅兰、柯溢能）

大脑中的免疫细胞竟是记忆遗忘的"主谋"？

记忆是大脑最重要的功能之一，也是人类研究最多的脑功能之一。记忆随时在发生，而遗忘如影随形。

海马体位于大脑丘脑和内侧颞叶之间，是负责记忆的编码和存储的一个重要脑区。在这里，记忆信息被编码于一些神经元中，它们被称为记忆印迹细胞。随着科学研究的发展，科研人员发现印迹细胞的重新激活是记忆提取的"发动机"，印迹细胞间的突触联系是储存记忆的"仓库"。

在海马脑区中，记忆是如何随着时间而消退的呢？这个问题在科学界一直没有得到充分的研究。经过3年多的努力，浙江大学医学院谷岩研究员课题组和王朗副研究员课题组首次发现，用于免疫的小胶质细胞通过清除突触而引起记忆遗忘，又进一步发现补体信号通路参与了小胶质细胞介导的遗忘，并且依赖于记忆印迹细胞的活动。

这项研究在国际顶级期刊《科学》在线发表。论文共同第一作者为浙江大学医学院2016级博士生王超和2017级博士生岳惠敏，论文通讯作者为谷岩研究员和王朗副研究员。

遗忘被"遗忘"了

记忆与遗忘就像是一个硬币的两面,不可分割。长期以来,科研人员对人脑记忆的产生、储存、调取始终保持着浓厚的兴趣,研究也比较深入,但对于遗忘这一现象关注得却不是很多。就算是讨论记忆丢失的原因,也多是从记忆存储和调取过程中出现问题这个角度来考虑。

遗忘被"遗忘"了。不过,谷岩倒是对这个问题很好奇,他开玩笑说:"我自己记性差,所以对遗忘方面的研究很感兴趣。"

如何算出记忆保留了多少?课题组在小鼠记忆遗忘实验中用的是经典的条件恐惧记忆行为学模型。科研人员通过在一个场景中给小鼠施加电击刺激,使其建立对这个环境的记忆。在35天后,让受过电击的小鼠重返这一场景,看小鼠是否会回想起电击的痛苦进而表现出害怕。

"这个行为学范式本来是用来检测恐惧行为的记忆的,但换一个角度看就是遗忘。"谷岩介绍,正常的小鼠对于环境总是充满好奇四处活动,但是如果留有恐惧记忆,它就会因为害怕而待在那里不动(即freezing状态),"我们就通过计算单位时间内小鼠保持静止不动的时间,来衡量小鼠记忆保留的情况"。

像"探案"一样做研究

从小鼠的实验中,研究人员发现,记忆随着时间的推移而消退。记忆在海马体中提取的主要途径,是通过激活编码这些记忆信息的记忆印迹细胞。通过标记记忆印迹细胞,研究人员发现,遗忘的同时伴

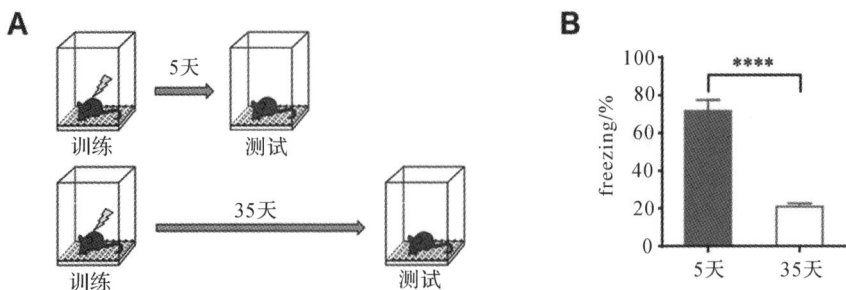

记忆的遗忘随着时间推移而逐渐发生。研究人员发现，训练 35 天后，小鼠 freezing 的时间显著低于 5 天时的检测结果，这表明时间越久，记忆的遗忘越显著。

随着印迹细胞的激活率的下降。那么是什么导致了印迹细胞激活率的下降？研究人员关注到大脑中的另一种细胞——小胶质细胞。

小胶质细胞约占大脑细胞总数的 $10\%\sim15\%$。此前科学家已经明确，小胶质细胞是中枢神经系统中的主要免疫细胞。当大脑受伤感染，细菌进入皮层后，小胶质细胞作为重要的"防卫兵"负责"抵御杀敌"。越来越多的研究表明，小胶质细胞不仅参与神经系统的免疫调控，而且对于神经系统发育、神经元活动以及神经环路功能都有重要的调节作用。

研究人员特异性地清除了脑内的小胶质细胞，发现不仅遗忘被抑制了，同时印迹细胞的重新激活率的下降也被抑制了。"这个发现其实非常偶然，我们对清除小胶质细胞的小鼠进行了一系列的实验，包括记忆的形成和提取、焦虑等，但结果显示对记忆遗忘的影响非常显著。"去除小胶质细胞的小鼠的恐惧反应要比对照组更加明显，处于静止状态的时间是对照小鼠的 2 倍多。为此，课题组继续深入开展实验，发现当清除小胶质细胞时，记忆印迹细胞的激活率不再出现明显的下降。

既然小胶质细胞确实影响了记忆印迹细胞的激活，并导致了遗忘,那么它们又是如何引起记忆印迹细胞激活率的下降呢？是不是通过破坏记忆印迹细胞之间的信息传递呢？此前的研究表明,小胶质细胞能够清除婴幼儿大脑发育中过多的突触,并调节神经元之间突触连接的动态变化。那么在成年人的大脑中,小胶质细胞是否也具有同样的功能呢？

研究人员继续"破案",通过免疫染色和高分辨率成像,他们发现海马的小胶质细胞"肚子"里,存在着突触特异性的成分（如位于突触前的 synaptophysin 分子和位于突触后的 PSD95 分子）,并且与小胶质细胞中的溶酶体共定位（共定位：两个蛋白位于同一空间位置的细胞学佐证）,这表明成年海马的小胶质细胞仍然具有"吃掉"突触结构的能力。在抑制小鼠的小胶质细胞吞噬作用时,记忆的遗忘被显著阻断。这些结果表明小胶质细胞通过"吃掉"突触而介导了遗忘。

遗忘的机制始于分子的"导航"

研究人员发现,记忆在记忆印迹细胞组成的这条"公路"上激活传递,记忆印迹细胞之间的突触不仅是公路间相联系的"桥梁",而且是储存记忆的"仓库"。小胶质细胞就像是"拆迁队",把"桥梁"给拆掉了,储存在其中的记忆信息也就无法继续传递下去,最终导致了记忆遗忘。

那么具体是什么分子机制让本来是大脑"防卫兵"的小胶质细胞"兼职"成了"拆迁队"呢？研究人员通过高分辨率显微镜发现补体分子 C1q 不仅与记忆印迹细胞的一些树突棘共定位,还与 PSD95 一起存在于小胶质细胞溶酶体中,这提示补体信号通路可能介导了小胶质细胞对记忆印迹细胞突触的清除。

研究人员通过对比,发现在记忆印迹细胞中阻断补体信号通路可以十分有效地抑制记忆的遗忘和印迹细胞激活率的下降。而 C1q 补体信号通路就像是猎人的小狗,寻找并在记忆印迹细胞的一些突触上做标记,这样小胶质细胞就像有了导航图一般,可以瞄准目标展开攻击,"一吃一个准"。

"复习不易忘"有了科学依据

生活中的一个常识:学习了一个新知识后,若总是复习,就不容易遗忘,而不去复习的话,很快就会忘记。

研究人员通过实验证明了这一点。课题组特异性地在记忆印迹细胞中导入了药理遗传学受体,通过注射药物 CNO 后,可以选择性抑制记忆印迹细胞的活动,让它们不那么兴奋。这个时候研究人员发现,记忆的遗忘被加速了,就像不复习便容易遗忘。而这种加速的遗忘也可以通过清除小胶质细胞或者阻断补体通路来抑制。

从另一个角度来看,复习就是让记忆印迹细胞和相应的突触联系更加活跃,好像把突触这座"桥梁"用钢筋混凝土加固了一样。而如果不复习,"桥梁"年久失修,就会被小胶质细胞这个"拆迁队"识别并拆除。

小胶质细胞的突触清除可能是介导遗忘的一种普遍机制

海马的齿状回可以不断产生新生的神经元,这一过程被称为神经发生(neurogenesis)。根据此前《科学》杂志的报道,齿状回中持续产生的新生神经元的整合会导致海马神经环路中大量突触的重组与替换,从而导致先前建立的记忆被遗忘,尤其是在婴儿期。为了找出小胶质细胞介导的遗忘和神经发生介导的遗忘之间的关系,研究人员同时操纵了海马神经发生和小胶质细胞,发现小胶质细胞介导的突触清除既参与了神经发生引起的遗忘，也参与了和神经发生无关的遗忘。因此，小胶质细胞的突触吞噬作用可能是在没有神经发生的大脑区域，或是缺乏神经发生的哺乳动物大脑中介导遗忘的一种更为普遍的机制。

谷岩表示，随着研究的深入，未来可能对疾病导致的记忆损伤和记忆丢失有更清楚的理解。从长远来看，这项工作也为研究长期记忆的巩固和不良记忆的消除提供了前瞻性的基础铺垫。

论文评审专家表示，这项研究具有"精巧的实验设计和策略"，并且做出了"有趣而重要的发现"。

这项研究由浙江大学医学院基础医学系的谷岩实验室和浙江大学医学院系统神经与认知科学研究所的王朗实验室共同完成。本研究得到了浙江大学医学院王良、王晓东、孙秉贵、史鹏等老师的大力支持。同时，本研究得到国家科技部重点研发计划、浙江省自然科学基金、浙江大学"百人计划"启动经费的资助。

（文：柯溢能、吴雅兰）

选对材料体系，发现铁磁量子临界点

　　说到量子，很多人脑海中第一印象就是"薛定谔的猫"。实际上，量子的主要表现形式——量子纠缠和量子隧穿存在于不同的物理体系中，而量子材料就是其中一类重要载体。量子材料中的电子关联和量子效应可以诱导新型电子集体行为，产生新颖的量子态或者宏观量子现象，而实现对量子态的调控与操纵是现代量子信息产业技术的基础。那么，在绝对零度时量子态是否会发生相变？量子纠缠会导致哪些新奇的量子行为？

　　浙江大学关联物质研究中心和物理学系袁辉球教授团队一直深耕这一领域的研究。他带领团队首次在纯净的重费米子化合物中发现铁磁量子临界点，并且观察到奇异金属行为。这一发现打破了人们普遍认为铁磁量子临界点不存在的传统观念，并且将奇异金属行为拓展到铁磁量子临界材料中。

　　这项研究在国际顶级杂志《自然》在线发表。浙江大学物理学系博士生沈斌和张勇军为论文共同第一作者，浙江大学关联物质研究中心/物理学系袁辉球教授、校"百人计划"研究员 Michael Smidman 博士以及罗格斯大学/伦敦大学的 Piers Coleman 教授为共同通讯作者。

袁辉球教授为该项目的负责人,设计并领导了整个项目。

绝对零度下的相变

自然界中存在各种各样的物质,绝大多数都以固、液、气三种形态存在。人们通常称物质体系中具有相同的物理和化学性质的均匀聚集体为一种相。随着外界条件的改变,如温度或者压强的变化,物质的状态可以从一种相转变为另一种相,这个过程称为相变。例如,水加热变成水蒸气,或者降温结成冰,这些都是相变。

在经典的物理体系中,相变的产生往往由热涨落所驱动,可以由普适的理论来描述。那么,在热力学绝对零度(0 开尔文,约等于 $-273.15℃$),热涨落被完全抑制,量子物质是否还会发生相变?

绝对零度不可实现,那么为何科研人员仍执着于低温极限下的物理研究呢?随着温度降低,组成物质的原子或者分子的热运动被逐渐冻结,量子涨落效应开始占主导作用,从而诱导一些全新的量子态或者量子临界现象,例如零电阻的超导就是一种宏观量子现象。在外加非温度参量的调控下,如果物质体系在零温时经历一个连续的二级相变,从一种量子有序态转变为量子无序态,则存在一个量子临界点。当今凝聚态物理中的许多重要科学问题,如高温超导及奇异金属行为等都可能与量子临界性相关。

磁性量子相变是研究最为广泛的一类量子相变。铁磁体与反铁磁体就像一对性格迥异的双胞胎,是研究得最多的磁性材料。在铁磁体中,电子的自旋朝同一方向有序排列,比如都向上或者都向下,因此磁性较强,最常见的铁在室温常压下就是一种铁磁体;而在反铁磁体中,电子的自旋是反向交替排列的,导致净磁矩为零。

随着温度升高,磁性材料通常会在某一温度下发生磁性相变,其

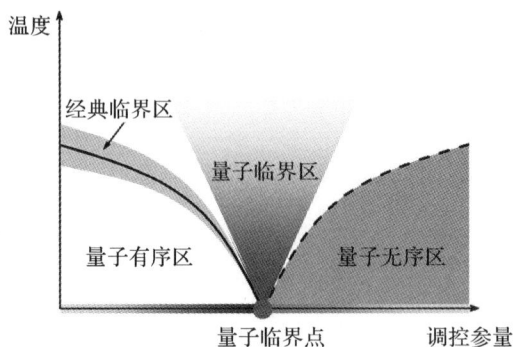

量子相变示意图

电子自旋经历从有序向无序的转变,从而导致材料失去磁性。这类磁性相变仍属于经典相变,有较好的理论描述。那么,在外加非温度参量的调控下,磁性相变是否可以被逐渐抑制而出现量子相变?铁磁材料是否和反铁磁材料一样,存在量子临界点?量子相变是否跟经典相变一样具有普适性?磁性量子临界点附近有哪些新奇的量子现象?

发现铁磁量子临界点及奇异金属行为

人们发现,反铁磁量子临界点广泛存在于重费米子体系、铁基超导体以及有机超导体等强关联电子体系中。在磁场、压力或掺杂等参量的调控下,这些材料中的反铁磁转变温度可以被逐渐抑制到零温,并且在反铁磁临界点附近出现超导和奇异金属行为。

在普通金属中,电子间的库伦斥力较弱,其低温物理现象可以通过朗道(诺贝尔物理学奖获得者)提出的费米液体理论来描述,如低温电阻与温度的平方成正比,电子比热除以温度是一个常数。然而,在铜基高温超导体和部分反铁磁重费米子材料中,人们却发现其电阻与温度呈线性关系,比热系数在零温极限表现出发散行为。有观点认为,这些奇异金属行为与反铁磁量子临界点附近自旋的量子纠缠有关。

当然，人们对于铁磁材料是否存在量子临界点持有同样的好奇。但是到目前为止，人们尚未找到其存在的确凿证据。对于巡游铁磁材料而言，国际上的理论与实验研究普遍认为铁磁量子临界点不存在，在外界参量调控下，铁磁相变要么突然消失，要么转变为反铁磁序。唯有在无序效应的作用下，铁磁量子临界点才有可能出现，但这是非本征的。而在简单铁磁体系中，由于自旋取向单一，不能形成量子纠缠态，因此有人认为铁磁体中不会出现奇异金属行为。

研究至此似乎可以画上句号了。但浙大袁辉球团队不愿意放过任何一种可能性。从之前多年的研究经验出发，袁辉球认为铁磁还是有可能存在量子临界点的，但是怎么证明呢？在仔细分析了同行们的研究过程后，研究人员决定从合适的材料体系入手。

经过近十年的摸索，袁辉球团队在尝试了多种材料体系后，在重费米子材料 CeRh6Ge4 中取得重大突破。他们通过不断优化样品制备条件，合成了高质量的单晶样品，再通过压力的调控，发现该体系中存在铁磁量子临界点。这是首次在一个纯净的铁磁材料体系中发现量子临界点存在的确凿实验证据，并且他们观察到了与高温超导体相似的奇异金属行为：当温度趋于绝对零度时，低温电阻随温度线性变化，比热系数随温度对数发散。这些实验发现为研究铁磁量子相变、揭示长期困惑人们的奇异金属行为开辟了新的方向。

能否观察到铁磁量子临界点，袁辉球认为有两个关键的因素。首先是选对合适的材料体系，即具有各向异性的铁磁材料，并且 f 电子带有局域磁矩，这样在铁磁态中允许自旋纠缠态的出现。其次是制备出了高纯度的单晶样品，并且通过压力这一纯净的实验手段进行调控。如果样品或者调控手段不"干净"，则很难说明这是材料的本征属性,这也是该研究有别于先前工作的一个重要方面。

浙大团队在形容他们制备的重费米子材料时说:"通俗地讲,完美晶体中的原子呈周期性排列的,没有错位,没有杂质,但实际材料往往有各种各样的无序效应影响材料的性质。而在我们制备的CeRh6Ge4材料中,这些无序效应的影响很小,并且压力调控不额外引入无序效应,整个实验过程样品近乎完美,相当干净。"

一种可能的物理图像

袁辉球教授与美国罗格斯大学的 Piers Coleman 教授合作,提出了一种可能的铁磁量子相变模型。他们认为,由于磁的各向异性,在铁磁态中出现了一种具有量子纠缠效应的自旋对,即自旋三重态共振价键(triplet resonating valence-bond,tRVB),其占比随压力增加而增加。在铁磁量子临界点,由于近藤效应的作用,与 tRVB 态相关的局域磁矩被分数化而形成带负电的重电子和带正电的近藤单态背景,导致费米面突然增大和奇异金属行为。

该理论支持铁磁量子临界点的存在,预言在量子临界点出现费米面突变,并且可以合理解释实验中观察到的比热系数对数发散的奇异金属行为。理论上,铁磁量子临界区域的 tRVB 态还有助于自旋三重态超导配对,不过,仍有待进一步的探究和验证。

十年磨一剑,基础研究甘坐"冷板凳"

袁辉球表示,此项工作不仅为量子相变研究开辟了一个新的方向,并且将铜基高温超导和反铁磁重费米子材料中观察到的奇异金属行为延伸到了铁磁体系。由于超导与量子相变常常有着非常紧密的关系,铁磁量子临界点的发现也可以促进相关超导的研究。

这是袁辉球加盟浙大后在《自然》上发表的第二篇论文。此前他还曾在《科学》《自然》等期刊上发文，介绍其在反铁磁量子相变、重费米子超导等方面取得的系列创新研究成果。

谈及本次研究经历时，袁辉球表示，寻找合适的材料体系、制备出高品质单晶样品、在极端条件下开展物性测量都非常具有挑战性，项目研究不但周期长，而且费用高。在重重困难面前，袁辉球带领团队没有退缩，他们咬定研究目标，十年磨一剑，终于在铁磁材料中发现了这一重要现象。

三名审稿人高度评价了这一成果，指出在纯净的重费米子材料中观察到铁磁量子临界点和奇异金属行为，毫无疑问是一项重要的实验发现，为研究量子相变开辟了一个新的方向，有助于揭示奇异金属行为的共同起源。

袁辉球说，重费米子体系具有丰富的物理内涵，表现出奇特的量子现象，是研究演生量子态和量子相变的理想材料体系。重费米子研究对材料和实验条件要求苛刻，但也会不时给学界带来惊喜。据了解，袁辉球正承担国家重点研发项目"重费米子体系中的演生量子态及其调控"的研究，该项目整合了国内重费米子研究的主要力量，将提升我国重费米子研究的国际影响力。

唯有敢于挑战，坚持做自己的事，才能实现科学研究上的突破，引领一个研究领域。袁辉球说："我常常鼓励团队成员要能静下心来，坐坐'冷板凳'，不要被科研领域的'时髦风'刮着跑，要坚持做自己看准的科学问题。"

本研究的参与单位包括浙江大学关联物质研究中心和物理学系、美国罗格斯大学物理与天文系、德国马普固体化学物理研究所和英国伦敦大学皇家霍洛威学院（Royal Holloway）物理系。本项目获得国家重点研发计划、国家自然科学基金和科学挑战计划的资助。

（文：柯溢能、吴雅兰）

人体细胞数字化，首个人类细胞图谱诞生

跨越胚胎和成年两个时期、涵盖八大系统、建立 70 多万个单细胞的转录组数据库、鉴定人体 100 余种细胞大类和 800 余种细胞亚类……世界首个人类细胞图谱在浙江大学绘制成功了。国际顶级期刊《自然》在线刊登了浙江大学医学院郭国骥教授团队的这项研究成果。

细胞是生命的基本单位。在过去的数百年时间里，科学家主要利用显微镜和流式分析等技术，依靠若干表型特征对自然界里不同物种的细胞进行分类和鉴定。这些表型特征的选取往往引入了较多的人为主观性，而单细胞测序技术的出现给这一传统的细胞认知体系带来了革命性的变化。

此前，郭国骥团队自主研发了 Microwell-seq 高通量单细胞分析平台，并于 2018 年在国际顶级期刊《细胞》上发表了世界首个小鼠细胞图谱。此后，郭国骥团队一直在这个领域精耕细作，并与浙江大学医学院几家附属医院的张丹团队、王伟林团队、陈江华团队、梁廷波团队和黄河团队等保持紧密合作，时隔两年，再出重量级成果。

团队对 60 种人体组织样品和 7 种细胞培养样品进行了

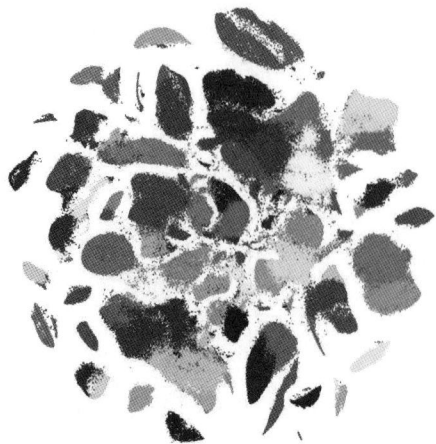

一张单细胞水平的人类细胞图谱

Microwell-seq 高通量单细胞测序分析,系统地绘制了跨越胚胎和成年两个时期、涵盖八大系统的人类细胞图谱。

郭国骥介绍说,Microwell-seq 具有成本低廉、双细胞污染率低和细胞普适性强等优势,由此团队建立了 70 多万个单细胞的转录组数据库,鉴定了人体 100 余种细胞大类和 800 余种细胞亚类。同时,团队开发了 scHCL 单细胞比对系统用于人体细胞类型的识别,并搭建了人类细胞蓝图网站。

"这项工作概括地说就是人体细胞数字化。我们能用数字矩阵描述每一个细胞的特征,并对它们进行系统性的分类。我们定义了许多之前未知的细胞种类,还发现了一些特殊的表达模式。"

通过这张图谱,团队发现,多种成人的上皮、内皮和基质细胞在组织中似乎扮演着免疫细胞的角色。"趋化因子阳性上皮细胞、抗原呈递阳性内皮细胞和白介素阳性成纤维细胞广泛地分布在成体的各种组织器官之中,并在分类上独立于传统的上皮、内皮、基质和免疫细胞。这些非专职的免疫细胞也在'兼职'干着免疫的活。我们认为,成年人非免疫细胞的广泛免疫激活是人体区域免疫的一种重要调节机制。"

此外，通过跨时期、跨组织和跨物种的细胞图谱分析，团队揭示了一个普适性的哺乳动物细胞命运决定机制：干细胞和祖细胞的转录状态混杂且随机，而分化和成熟细胞的转录状态就变得分明且稳定；也就是说，细胞分化经历了一个从混乱到有序的发展过程。

本研究首次从单细胞水平上全面分析了胚胎和成年时期的人体细胞种类，研究数据将成为探索细胞命运决定机制的资源宝库，研究方法将对人体正常与疾病细胞状态的鉴定带来深远影响。在未来，临床医生就可能通过参照正常的细胞状态来鉴别异常的细胞状态和起源。

郭国骥说："我们的工作在测序深度上存在一定局限性，但是在跨组织和跨物种的数据可比性上有较大优势。完美版的人类细胞图谱还应该整合空间信息、多组学数据和人群分析，这需要全世界科学家的共同努力。"

论文的第一作者包括浙江大学医学院韩晓平副教授（并列通讯作者）、2017级硕士生周子茗、2019级博士生费丽江、2017级直博生孙慧宇、2018级博士生汪仁英、2016级直博生陈瑶、博士后陈海德和王晶晶。论文最后通讯作者为浙江大学医学院郭国骥教授。本项目获得国家自然科学基金和科技部干细胞与转化医学重点专项的支持。

（文：吴雅兰、柯溢能）

一个蛋白的"下岗再就业",引发肿瘤细胞的快速增殖

在人类与肿瘤的较量中,科研人员总试图从正常细胞与肿瘤细胞的代谢差异中找寻肿瘤细胞快速增殖的秘密,进而通过靶向治疗遏制肿瘤生长。

正常细胞脂质转运及代谢通路的科学发现,获得了 1985 年诺贝尔生理学或医学奖。在正常的细胞中,脂质合成的"工厂"采取高效的"按需生产"原则,即只有细胞感受到脂质浓度不足时,工厂才"开工";一旦脂质浓度恢复正常,工厂便"停产"。然而,在肿瘤细胞中,脂质合成的"工厂"始终加班加点地"生产",即使细胞内脂质浓度是正常的,脂质代谢仍处于高度活跃状态,促进了肿瘤的快速增殖。因此,研究肿瘤细胞有别于正常细胞脂质代谢的分子机制,成为肿瘤研究领域当前的核心问题之一。

浙江大学医学院附属第一医院、青岛大学、台湾中国医药大学以及美国 MD 安德森癌症中心合作,浙江大学医学转化研究院/浙江大学医学院附属第一医院吕志民教授团队、梁廷波教授团队联合台湾中国医药大学洪明奇团队在国际顶级杂志《自然》上在线发表研究论文,揭示了肿瘤细胞脂质感应异常及脂质合成持续激活的重要机制。该

文章第一作者和共同通讯作者单位为浙江大学医学院附属第一医院。

肿瘤细胞的脂质合成像狂奔的野马

生物体内所发生的用于维持生命的一系列有序的生化反应统称为代谢，包括糖类代谢、蛋白质代谢和脂质代谢等。在生命体中，脂质的合成与蛋白质、核糖核酸（DNA、RNA）的合成同样重要。脂质是细胞膜的组成部分，是能量的来源，也是信号传导的"信使"。

在正常的细胞中，脂质合成受到负反馈调节。当正常细胞的脂质到了一定水平，脂质就会结合内质网跨膜蛋白 INSIG1/2，联手锁住控制脂质合成的关键转录因子 SREBP 及其护送蛋白 SCAP。这样一来，关键转录因子 SREBP 就被锚定在了内质网中，无法进入细胞核传达生产脂质的指令，脂质合成也就被抑制了。

相反，当细胞中脂质含量较低时，INSIG1/2 锁住的 SREBP 被释放，从内质网转移到高尔基体，经过剪切后转移到细胞核中，激活脂质合成相关基因的转录，让脂质合成工厂"恢复生产"。因此，INSIG1/2 是脂质合成的重要开关，其意义在于可以避免浪费过多资源，起到自我保护、自动调控的作用。

然而这套机制在肿瘤细胞中失灵了。脂质合成就像脱缰的野马，源源不断地为肿瘤细胞的快速增殖提供物质和能量。

是谁掌控了缰绳，导致这辆"马车"恣意狂奔？吕志民团队对这一科学问题展开了深入的研究。

"下岗再就业"，一个蛋白的功能转换

那么，肿瘤细胞脂质合成代谢中的负反馈调节是如何被去除的呢？

吕志民团队把目光放在了糖异生酶——磷酸烯醇式丙酮酸羧化激酶 1(PCK1)上。糖异生和糖酵解是两个相互抑制的反应,前者合成葡萄糖,后者把葡萄糖转化成能量。

肿瘤细胞需要抑制糖异生并激活糖酵解以产生充足能量。研究人员发现,狡猾的肿瘤细胞把原本在细胞质中发挥正常糖异生代谢酶功能的 PCK1"赶走",使其被迫"下岗"。然而,PCK1 并没有"赋闲在家",而是"谋得"了一份新工作。

在受体酪氨酸激酶(RTK)或 KRAS 癌基因激活的肿瘤细胞中,AKT 磷酸化 PCK1 的 90 位丝氨酸,从而导致 PCK1 发生内质网易位,并失去了原本的糖异生代谢酶功能;取而代之的是,PCK1 获得了蛋白激酶功能。也就是说,肿瘤细胞"看中"了 PCK1,将它"招至麾下",促使它完成角色转换,帮自己工作。PCK1 摇身一变,以 GTP 作为磷酸基供体磷酸化 INSIG1/2,使其与细胞内脂质的结合出现障碍,进而促进 SREBP 信号通路的激活及肿瘤细胞的脂质合成。

团队研究人员在动物实验中揭示 PCK1-INSIG1/2-SREBP 信号通路促进了肝癌的发生发展,浙大一院党委书记梁廷波教授团队通过肝癌临床样本分析进一步证实了该通路在肝癌发展中的作用,且与肝癌患者预后和生存期密切相关。团队又进一步在肺癌、胶质瘤和黑色素瘤临床样本中做了研究,得到了同样的结果。

为肿瘤治疗找到新的靶标

肿瘤的大量基因突变及特有的微环境,往往导致代谢酶原有的功能改变,并赋予其新的非经典功能。继发现糖代谢酶 PKM2、PGK1 和 KHK-A 的非代谢酶活性在肿瘤发生中的重要作用之后,该研究中吕志民团队发现了第四个具有蛋白激酶活性的代谢酶。

该研究不仅阐明了肿瘤细胞脂质感应异常及脂质合成持续激活的重要机制，首次发现了糖异生代谢酶 PCK1 具有蛋白激酶活性，而且揭示了 PCK1 以 GTP 作为磷酸基供体对蛋白底物进行磷酸化，这有别于普遍的以 ATP 作为磷酸基供体的蛋白激酶。同时，研究也论述了 PCK1 的内质网易位是肿瘤细胞协同调节糖异生降低和脂质合成激活的重要分子机制。

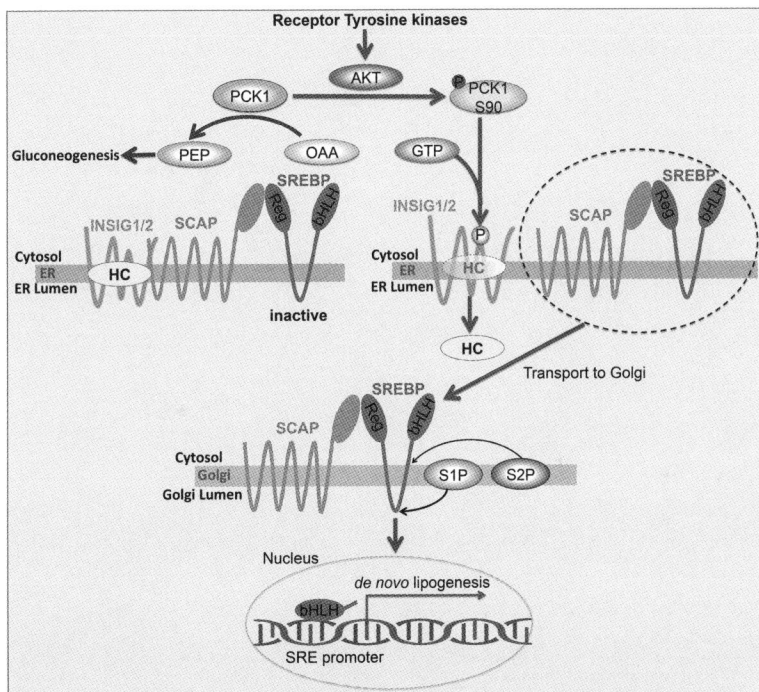

PCK1 介导的 INSIG1/2 磷酸化促进脂质合成和肿瘤发生的分子机制

（注：HC——羟基胆固醇；OAA——草酰乙酸；PEP——磷酸烯醇式丙酮酸；bHLH——SREBP 的碱性螺旋-环-螺旋结构域；Reg——SREBP 的调节亚基；ER——内质网；Golgi——高尔基体。）

吕志民表示,这项研究不仅为癌症的个体化治疗提供了新的代谢标记物和分子靶点,而且对靶向肿瘤脂代谢的药物研发具有重大的指导意义。"这项研究让人类对肿瘤代谢的认知又迈出了一步,我们不仅要观其表,更要明其因,为制造高效低毒的肿瘤药物寻找新出路。"

（文：柯溢能、吴雅兰）

在人工量子系统中利用手征性制备"薛定谔猫态"

浙江大学物理学系和量子信息交叉研究中心王大伟研究员和王浩华教授联合国内外多个相关团队,首次在人工量子系统中合成了反对称自旋交换作用,演示了利用手征自旋态制备量子纠缠的新方法。这项研究被著名期刊《自然·物理》(*Nature Physics*)报道。

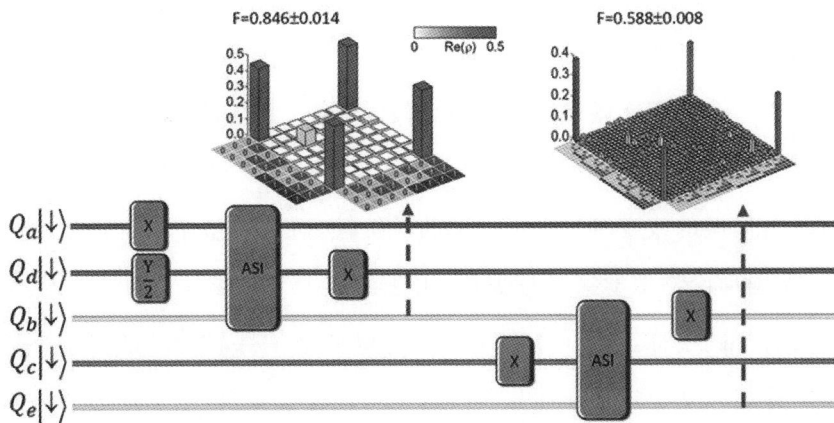

通过自旋手征性演化合成多比特纠缠态

手征性与薛定谔的猫

说起量子力学,总是绕不过那只著名的"薛定谔的猫"。盒子里有一个放射性粒子、一个毒气瓶和一只猫。粒子衰变会触发毒气瓶破裂,进而毒死猫。但在打开盒子观测之前,粒子的量子属性决定了它可处于衰变和未衰变的叠加态,因此猫也就处于死和活的叠加态。它有趣地阐释了微观量子叠加态和宏观经典世界的区别。

当多个粒子的集体状态处于不可分解的叠加态时,量子纠缠就出现了。量子纠缠态的特征是相互纠缠的粒子之间"牵一发而动全身",当其中一个的状态被测量确定时,其他粒子的状态也就确定了。回到薛定谔的猫的实验,当测量到放射性粒子未衰变时,猫是活的;而当测量到放射性粒子衰变时,猫是死的。量子叠加和量子纠缠的发现使得人们对世界的认知发生了巨大的变革。

这个变革也关系到了"手征性"这一概念。手征性是指物体和它的镜像不能重叠。这就好比我们的左右手互为镜面对称,但上下叠放时却不重合。那么微观物体会不会像左右手一样,有左手性和右手性这样的区别呢?答案是肯定的。法国科学家巴斯德在测量光透过溶液之后偏振的改变时发现了分子的手征性。但是,量子力学被发现之后,德国理论物理学家洪特提出,由于组成分子的原子之间的相互作用没有打破宇称,分子的定态应该是左手性和右手性分子的量子叠加态。这与大量稳定手征性分子的存在相矛盾。相反,左手性分子与右手性分子的量子叠加态极其不稳定,是容易被环境噪声破坏的薛定谔猫态。这个矛盾也被称为洪特悖论。

这里提到的"宇称",简单理解就是"左右对称"或"左右交换不变性"。李政道和杨振宁找到打破宇称的基本相互作用,即原子核里的弱相互作用。有些物理学家猜测手征性分子的存在可能来源于弱相互作用对分子基态能量的影响。然而，目前还没有实验证据证明这一猜测。在人工可控的量子系统里合成出打破宇称的相互作用，可以帮助人们理解手征性分子的形成及手征性分子量子叠加态的退相干原理。

在人工量子系统中产生量子纠缠新模式

在这项研究中，王大伟提出在超导量子比特系统中合成反对称自旋交换作用来研究手征自旋态的量子叠加和量子纠缠。自旋是微观粒子的基本属性。电子的自旋态有两个。对于人工合成的超导量子比特来说，它的最低两个能态可以被认为是自旋的两个态，对应于能量值 0 和 1。这两个值在量子计算中也被看作比特的二进制数。自旋之间的相互作用分两种，即交换自旋位置后不变的对称相互作用和交换自旋后变号的反对称相互作用。对称自旋交换相互作用已经在人工量子系统里实现；反对称自旋交换作用在拓扑磁激发、反常量子霍尔效应和量子自旋液体中具有重要的作用，但是在人工系统中很难合成。

通过和王浩华及物理学系博士研究生宋超的讨论，王大伟发现通过周期性调制量子比特频率并对不同比特采用不同的调制相位，可以在通过腔连接在一起的比特之间合成出反对称自旋交换作用，这样宇称被打破，不同手征态具有了不同的能量，自旋态的动力学演化体现出了左手性与右手性。比如，一个自旋朝下、两个自旋朝上的 011 态，会演化到 110，再演化到 101，然后演化到回到 011，即自旋状态在三个比特之间定向旋转。

旋转的定向性即为手征性的体现。更有意思的是，与 011 自旋状态全相反的 100 态，手征性演化方向也相反，即 100 演化为 010，然后演化到 001。王大伟介绍，这类似于两个平行世界，一个沿着时间往前走，一个往后走。

反对称自旋交换作用是如何产生量子纠缠的呢？

这就需要同时利用量子叠加和自旋的手征性演化。宋超介绍说，首先将第一个比特制备在 1 态，第二个比特制备在 0 和 1 的叠加态，第三个比特制备在 0 态。整体而言，三个比特处于 100 和 110 的叠加态。这是一个非纠缠态，即对一个比特的测量不会影响另外两个比特的状态。这两个状态手征性演化方向正好相反，会变为 010 和 101 的叠加态。随即翻转第二个比特，就得到了 000 和 111 的叠加态。

这是一个典型的纠缠态。研究人员测量其中一个比特为 0，另外两个也即确定为 0；如果一个比特测量为 1，另外两个也确定为 1。利用相同的方法，纠缠被进一步扩展到了五个比特。这一项研究的实现需要精密的操控手段。进行了大量数值模拟的物理学系博士后冯伟介绍说，因为比特具有三个能级，要消除第三个能级的影响，需要对众多参数进行尝试。

该成果将对研究量子磁性、提高多粒子纠缠态制备速度、利用手征自旋态进行量子计算等具有积极意义。

王大伟、王浩华和中国科学技术大学的朱晓波是这项研究工作的共同通讯作者，实验部分由宋超基于浙江大学量子信息交叉研究中心的超导多比特测控平台完成，实验器件由中科院物理研究所邓辉、李贺康和郑东宁及中国科学技术大学朱晓波等负责制备完成。其他共同作者为浙江大学的冯伟、蔡晗、徐达和朱诗尧，以及美国得克萨斯州农工大学的 Marlan Scully。

这一研究得到了浙江大学"百人计划"、国家重点研发计划、国家自然科学基金、中央高校基本科研专项资金、中科院重点研究计划、现代光学仪器国家重点实验室和安徽省的支持。

（文：柯溢能）

第二篇

面向经济主战场

30 年创新实践，为地基处理开出"良方"

广佛高速，我国最早的高速公路之一，是从广州到佛山的陆运大通道。

不承想，因为车流量实在太大，原有的四车道在运行仅 8 年后，就无法满足运力。拓宽公路，第一步就是新旧地基的融合及处理。如何在最短时间、以最低成本、最大效果地实现 6～8 车道拓宽，成为当时横亘在这条高速公路上的重要卡口。

这个"卡脖子"难题最终被浙江大学建筑工程学院教授、中国工程院院士龚晓南及其团队创建的地基处理"良方"——复合地基处理技术所攻克。

地基是工程建设项目的重中之重。地基稳不稳、牢不牢,不仅直接关系到项目的安全和使用,而且对建设速度、工程造价有着不小的影响。因此,地基处理是土木工程建设中最活跃的领域之一,研发高性能地基处理新技术是工程建设的重大需求。

"国家的需要就是我们的研究方向。"龚晓南及其团队成员积累了30年的理论研究和工程实践,从基础理论到设计和施工指南,再到技术标准、工程应用,形成了一套完整的工程应用体系,极大地推动了复合地基新技术的发展及其在各工程建设领域的广泛应用。

这套复合地基理论与技术始终处于国际领先地位,被广泛应用于建筑工程、高速公路、高速铁路、市政道路、港航、机场等工程建设领域,应用于京津城际高速铁路、京沪高速铁路、杭宁高速公路、乍嘉苏高速公路等重大工程。2016—2018 年,仅提供应用证明的工程就新增利润和节约工程造价达 35.38 亿元。

一个定义打开研究死结

我国地域辽阔,工程地质条件复杂,改革开放以来,工程建设规模日益扩大,具体建设中也遇到越来越多的软弱地基或不良地基问题。

传统地基处理方法难以满足高承载力与稳定性、低工后沉降和快速的地基处理要求,桩基础的承载力高、沉降小,但造价高,难以在大面积地基处理中使用。

有没有价廉物美的地基处理方法呢?也不是没有。20 世纪 60 年代,国外将采用碎石桩等散体材料桩加固的人工地基称为复合地基。

随着我国工程建设的发展，国内工程界和学术界对于复合地基的认识不断深入。与此同时，随着水泥土等柔性桩和钢筋混凝土等刚性桩技术在工程中的应用，什么是复合地基在当时引起了很大的争论。

焦点问题是，水泥土桩和钢筋混凝土桩的弹性模量比地基土体高了几个数量级，桩和土还能共同作用形成复合地基吗？在复合地基技术应用初期，还存在荷载传递机理不明、设计方法欠妥、工程安全度差、工程事故多发等问题急需解决，基础理论研究仿佛打了个死结。这个时候，龚晓南站出来解开了这个结。1990年，龚晓南通过荷载传递机理分析，首次总结出复合地基的本质是在荷载的作用下，桩和桩间土能够共同直接承担上部荷载，这也是复合地基与浅基础和桩基础之间的主要区别。

1992年，龚晓南出版复合地基领域第一部专著，正式提出复合地基的科学定义——天然地基在地基处理过程中部分土体得到增强，或被置换，或在天然地基中设置加筋材料，加固区是由基体和增强体两部分组成的人工地基。

"桩基础，荷载通过基础先传递给桩体，再通过桩体传递给地基土体。而复合地基，一部分荷载通过基础直接传递给地基土体，另一部分通过桩体传递给地基土体。"龚晓南说。

那么，复合地基中如何让土能"直接"参与到荷载呢？龚晓南进一步研究发现，关键的一点是要实现"桩与土变形协调"。

具体有两个办法。对于建筑物等刚性基础下的复合地基，可通过在基础下合理设置垫层，或合理选择持力层来保证桩土变形协调，共同承担上部荷载。在刚性基础下复合地基中设置砂石等柔性垫层，一方面可增加桩间土承担荷载的比例，较充分地利用桩间土的荷载潜能；另一方面，也可改善桩体上端的受力状态，这对水泥搅拌桩复合地基很有意义。

对于类似路堤工程等柔性基础下的复合地基，桩间土和桩体一般可共同承担上部荷载。但在荷载作用下，地基土体首先承受较大荷载，并随荷载增加率先进入极限状态，而桩的承载力较难得到充分发挥。在路堤下复合地基中设置刚度较大的垫层，可有效增加复合地基中的桩体所承担荷载的比例，发挥桩体的承载能力，提高复合地基承载力，有效减小复合地基的沉降。龚晓南多次强调，在采用桩体复合地基加固路堤工程时一定要重视设置刚度较大的垫层，没有设置刚度较大垫层的桩体复合地基在路堤工程中应慎用。

在复合地基理论方面，龚晓南对复合地基的定义、形成条件和分类做了明确的阐释，揭示了复合地基的荷载传递机理和位移场特性，提出了承载力和沉降分析理论，创建了复合地基理论体系，为复合地基的工程设计和应用提供了关键的理论支撑，被誉为我国复合地基发展的第一个里程碑。

新理论一出，立马在业界引起了震动。1996年，由龚晓南组织的全国复合地基理论与实践学术讨论会在浙江杭州召开，相关论文结集出版，出版社定价80元一本，而当时城镇职工一个月的工资也就六七百元。"我们都觉得定价太贵了，但出乎意料的是，会议开完已经买不着了。"龚晓南说，"当时人们不怕贵，因为这个是新东西，在工程中有用。"

一个工程，一个"方子"

从1990年到21世纪初的十多年里，复合地基的理论和技术随着研究不断深化。工程中遇到什么瓶颈难题，龚晓南团队就研究什么，从需求出发，一步步解决，一步步突破。

这个理论指导实践的过程,也让建设方看到了复合地基的显著优点,复合地基的应用从最初的建筑工程慢慢拓展到了公路、铁路建设。但是单纯的"复制粘贴"——直接把建筑中复合地基的计算方法应用到路堤工程中,也引发过一些安全事故。

问题症结在哪里?团队做了深入细致的研究,通过模型试验、数值分析,发现了路堤工程与建筑工程中复合地基的承载机理和变形特性有显著差异。

随后,团队开展了大量理论研究,揭示了基础刚度对复合地基工作性状的影响机理,建立了路堤下复合地基计算分析理论,成功将复合地基应用从建筑工程拓宽到公路、铁路等领域。可以说,龚晓南的研究引领了整个行业的发展。

"土是自然和历史的产物,形成年代不同、区域不同,土体的成分构造不同。每一个工程所面临的地质条件是千差万别的,在大的理论框架下,我们还要对症下药,一个工程,一个'方子'。"龚晓南说。

作为长三角一体化的重要大动脉,杭宁高速公路浙江段于2000年建造,跨越杭嘉湖平原,经过的大部分地区为河相、湖相沉积,软土分布范围广,软土层厚度变化大。高速公路建设中既要处理好地基稳定性问题、有效控制工后沉降和沉降差,又要尽量减小在施工期对当地群众交通的影响,难度很大。

由于特殊的地质地貌,这一路段一般线路多采用堆载预压法处理,工程队在对涵洞和通道地基的处理上遇到了困难。如果还是采用堆载预压法处理,预压完成后再进行开挖,不仅工期长,而且影响当地群众交通;但如果采用桩基础,虽然施工时间缩短,但是工程费用较大,而且与填土路堤连接处容易产生沉降差,形成颠簸,引发"跳车"现象。

为了解决这一难题,龚晓南团队提出,将原来涵洞和通道的堆载预压法处理改用低强度混凝土桩复合地基处理;同时在涵洞和通道两侧设置采用复合地基处理的过渡段,通过改变复合地基的桩长和置换率,实现复合地基和堆载预压两种地基处理方法之间差异沉降的平缓过渡。龚晓南带着团队成员一起现场设计、实施、检测与科研。这比原设计的塑料排水板堆载预压处理方案的工期缩短了一年左右,而且不需要进行二次开挖,处理后路基工后沉降和不均匀沉降量较小,有效地控制了"桥头跳车"现象。

在杭宁高速上的防"跳车"经验,如今普遍运用于软土地基高速公路的路堤与桥头连接处,通过复合地基处理过渡段,缓解差异沉降。

为什么在中国,复合地基这么受欢迎?这是因为软土地基承载力弱、沉降量大,无法满足工程建设要求;桩基础在技术上可满足要求,但造价高,难以在大面积地基处理中应用。我国作为一个发展中国家,建设资金短缺,这给复合地基理论和实践的发展提供了很好的机遇。

经过长期研究,龚晓南团队研发出系列高性能新型复合地基技术,满足了不同类型的工程建设需要;研发了承载力强、沉降量小、固结快的系列高性能复合桩体,单桩承载力提高30％～100％,造价降低30％～50％;研发了可实现桩土刚度与强度沿竖向优化的长短桩复合地基技术和刚柔性桩复合地基技术,比桩基础造价降低20％～25％。

团队还解决了软弱黄土地区高速公路的路基工后差异沉降控制难题,技术已经应用于兰海高速公路、尹中高速公路、巉柳高速公路等。

"复合地基技术已成为我省高速公路建设不可或缺的一项关键技术,得到了大面积的推广和应用,取得了显著的经济效益和社会效益。"甘肃省交通运输厅总工程师杨惠林说。

为了能让复合地基理论及关键技术更方便地应用于各类工程，龚晓南团队建立了复合地基设计方法和技术标准，形成了复合地基工程应用体系，主编了复合地基领域第一部国家标准《复合地基技术规范》及其他主要规范，为复合地基设计、施工和检测提供了全面的依据和支撑。同时，龚晓南非常重视应用推广工作。他常说，自己是浙大教授，也是岩土工程师，以解决实际中的问题为自己的兴趣，"如果现在有人说某个地方有什么问题，龚老师你来一下，我再忙也会去的"。

承担了珠江三角洲大部分高速公路建设的广东省公路建设有限公司总工程师吴玉刚说，在珠江三角洲高速公路的建设中，复合地基得到了广泛应用，在解决软基高填方路堤的稳定、沉降问题，以及扩建公路、路堤加宽、沉降控制等方面发挥了巨大作用，有效提高了公路建设质量，缩短了建设工期，降低了工程造价。

30 年如一日为工程服务

龚晓南是浙江省培养的第一位博士，也是中国岩土工程界培养的第一位博士。1986 年，他前往德国卡尔斯鲁厄大学土力学与地下工程研究所进行博士后研究，1988 年回国。

当回国后的龚晓南看到国家建设急需发展高效、经济和快速的地基处理新技术时，就将研究重点转到了复合地基。龚晓南说："国家需要什么，我就研究什么。"

从 1990 年申请到国家自然科学基金项目"柔性桩复合地基承载力和变形计算与上部结构共同作用研究"开始，龚晓南就一头扎了进去，勤勤恳恳地研究了近 30 年。从理论到实践，再从实践中凝练问题，做理论再研究，这段路重复了无数次。

1992年，龚晓南团队来到位于宁波北仑的宁波善高化学有限公司工地现场，团队通过足尺试验，研究了水泥搅拌桩的荷载传递规律。研究成果于1994年发表，至今已被他引480次。作为从工地里"跑出来"的理论成果，这已经成为复合地基领域引用排名第一的论文。

此外，龚晓南在教学方面也投入了大量精力，他用30年来的理论研究和工程实践成果改写了教科书，使复合地基成为与浅基础、桩基础并列的土木工程三种主要地基基础形式之一，并成为本科生和研究生教材与教学的重要内容、各种基础类设计手册和指南的重要章节，对行业人才培养发挥了重要作用。

龚晓南的学生、浙江大学建筑工程学院俞建霖博士说："在指导过程中，龚老师非常强调的一点是要解决工程建设中的问题，实实在在地为工程建设服务。"

在研究生课程方面，龚晓南主讲过六门课，其中有四五门课程是他开设的。在这些课程建设过程中，龚晓南先上课，后逐步形成自己的教材。如《高等土力学》这一教材出版以后，十年后才陆续有其他老师出版相关教材。

很多教材是在点滴积累中汇聚而成的。1978年，龚晓南到浙大读研，导师曾国熙先生要求写小论文，龚晓南一直坚持，读研时写读书笔记，工作后结合工程写"一题一议"。"我的老师比较强调写论文，鼓励我们多写读书笔记。《土塑性力学》就是由我在读博士时的读书笔记汇合而成。"龚晓南说，曾先生也非常重视工程实践，常带学生去工地，教会大家结合工程去学习。

2019年1月8日，龚晓南团队获国家科学技术进步奖一等奖。谈到这次获奖，龚晓南说，团队围绕复合地基已经开展了30年的研究和实践，这期间他本人指导关于复合地基领域的博士论文26篇、硕士论文 28 篇。这次获奖,浙大方面的老师虽然只有 3 人,但这 26 位博士、28 位硕士,还有龚晓南的老师和同事们都有贡献。"我们三个只是代表,功劳是属于整个大团队的。"

土力学创始人太沙基在晚年曾说过这样一句话:"土力学与其说是科学,不如说是艺术。"龚晓南也认为,岩土工程分析在很大程度上取决于工程师的判断,具有很高的艺术性,岩土工程分析中应将艺术和技术美妙地结合起来。

与土打了大半辈子交道的龚晓南深深爱着脚下的这片土地,他用他的艺术与技术让这片土地能发挥更大的作用。他说:"这次拿奖以后还要继续做复合地基,因为研究是不可穷尽的,还会有新的问题等着我们去解决。"

(文:柯溢能、吴雅兰,摄影:卢绍庆)

混凝土家族喜添 2.0 版高韧性混凝土新成员

提到混凝土，想必大家都不陌生：楼房、大坝、桥梁、港口、隧道，无论是寻常百姓的居住出行，还是国家重大工程建设，都少不了它的参与。但与此同时，混凝土结构频频出现的裂缝也令人心惊，不仅降低大型工程寿命，还多次引发重大安全事故。

这一条条裂缝，源自混凝土脆性大、易开裂的天然属性。自 19 世纪混凝土发明以来，如何增韧控裂，研发 2.0 版本高韧性混凝土，为混凝土大家族增加一支新的高韧"劲旅"，成为困扰国内外学术界和工程界的一大难题。

混凝土广泛应用于基础设施建设，我国的用量更是高居世界第一。为了消除这条祸患之缝，浙江大学建筑工程学院徐世烺教授带领团队，20多年来潜心钻研，突破混凝土材料脆性易裂、界面薄弱易裂、结构受拉开裂三大瓶颈，发明出高韧性纤维混凝土制备与应用关键技术，为基础设施长期安全服役的国家重大需求贡献出浙大智慧。该项目获得2018年国家技术发明奖二等奖。

源头发力打造高韧材料

混凝土结构出现裂缝了怎么办？人们的习惯做法是尽快加固。但在徐世烺的眼中，裂缝有着自身的规律。1987年，他首次提出科学描述混凝土裂缝扩展过程的双K断裂理论，不仅能够指出什么情况下裂缝是安全的，什么时候必须修补，甚至能够通过该理论指导材料配制或通过工程措施抑制裂缝发生和发展。在该理论的基础上，徐世烺又进一步建立起一套混凝土结构增韧控裂技术新体系。

大坝崩溃、桥梁垮塌惨剧的发生，混凝土材料脆性易裂是源头。提高混凝土韧性，成为徐世烺研究工作的首要着力点。

长期以来，业界常规使用的增韧方法是在混凝土中掺入一定体积率的纤维，但这种方法无法改变混凝土准脆性的物理本质，其抗拉变形和韧性的提高幅度有限。在双K断裂理论基础上，徐世烺首先建立起考虑材料随机特性的纤维增韧混凝土多缝开裂力学模型，实现了高韧性纤维混凝土性能的可控优化设计，并依托力学模型，发明和制备了性能稳定的高韧性纤维混凝土。

"我们的发明从材料性能方面彻底解决了混凝土强而不韧、脆性易裂的根本缺陷。"徐世烺介绍，团队发明的高强高韧性混凝土极限抗拉应变最高可达 8.4％，这个数值比普通混凝土高出 800 倍。与普通砂浆、混凝土脆性断裂完全不同，高韧性混凝土具有优异的韧性，最大裂缝宽度远小于 0.1mm，完全满足严酷条件下的耐腐蚀、耐久性要求，为工程结构安全服役提供了关键性材料保障。

项目对包括材料力学性能、耐久性能和结构性能在内的指标进行了大规模系统性测试。结果显示，高韧性纤维混凝土性能指标远超国内外同类材料，其中变形能力和强度综合性指标比国际最好的数据分别超出 70％和 60％。

此外，为配合施工需求，徐世烺还发明了新型湿法喷射施工的高韧性纤维混凝土材料及其喷射施工技术，研制出免振捣的自密实高韧性纤维混凝土，其发明的超高强砂浆基体制备方法，可以制备出不同等级的系列高强高韧纤维混凝土，突破了需要高压蒸汽养护的工程技术瓶颈。

体系支撑实现全程控裂

大体积混凝土结构经常会遇到长间歇分期浇筑、改建与扩建、加固修复等情况，但混凝土结合面的缺陷会引起界面破坏，并危害结构的服役质量。另外，混凝土结构在外力作用下极易产生裂缝，影响服役能力，在大体积混凝土浇筑过程中，水泥水化产生的内部高温与外部环境之间的温差也极易造成裂缝。

针对现实需求，徐世烺带领团队发明了界面抗裂性能提升技术与复合结构控裂技术，保障建筑工程在整个生命周期内安全服役。

团队发明的适用于结构加固和大体积混凝土分层施工的低收缩、缓凝型、无机界面的黏结剂，解决了新老混凝土性能差异导致变形不协调而开裂的问题。测试分析报告显示，使用这种界面剂黏结的混凝土，其黏结强度指标居国际领先水平，与有机界面剂相比具有黏结性能更优、无毒无异味、使用方便的特点。

同时，将大功率液压盘踞切割与静态爆破技术两种拆除混凝土的方法结合，团队还发明了可大大提升结合面咬合力和施工效率的人工键槽新技术，实现了施工安全、优质、高效、低成本。在南水北调丹江口大坝加高工程中，应用此项技术，工效比常规方法提高 50%，成本降低 30%，而质量合格率达到 100%。

此外，徐世烺还发明出界面裂缝扩展路径调控方法与不同材料界面剪切开裂的定向测试技术。通过优化界面的合理粗糙度范围，使界面裂缝偏折于高韧性纤维混凝土内，从而有效延缓混凝土界面脱粘。这是国际上首次发明出两种不同材料界面剪切型开裂测试技术，可以科学判定不同界面处理方法对界面黏结性能的影响，为工程实践中的新老混凝土界面处理技术提供了科学依据。

高韧性纤维混凝土的导热系数仅为普通混凝土的 1/4，抗裂防渗性能优越。基于材料本身的优势，徐世烺进一步提出使用高韧性纤维混凝土制作保温防渗永久模板，实现施工期安装便捷、养护期保温防裂、服役期控裂耐久。试验发现，当模板厚度大于 75cm 时，可以确保厚度 20m 的混凝土坝块在越冬期间不会出现温度裂缝。团队还发明了龙骨嵌扣式、螺栓钻孔式、互扣式等多个系列连接结构，建立了以承载力和最大裂缝宽度为控制条件的连接件最优设计准则，从而实现永久模板的快速装配连接。

除了永久模板，团队发明的大体积混凝土结构内部冷却通水系统有效解决了大体积混凝土结构内部易开裂的问题，通过内外双重温控形成了高韧性纤维混凝土复合结构控裂体系。

推广利用改变行业面貌

千里之堤,溃于蚁穴。一条不起眼的裂缝也可以摧毁一项重大基础设施。20余年来,徐世烺带领团队围绕实际问题,克服重重困难,形成了拥有自主科技产权和经过工程验证的具有重大创新价值的技术体系,真正实现了混凝土裂缝的无害化。

与混凝土打了30多年交道的徐世烺,为何会深耕这一研究方向?他说,这与时代背景紧密相连。1975年河南溃坝事件造成大量人员死伤,一年后发生的唐山大地震又夺去了24万同胞的生命。接连发生的巨大灾难让他的内心久久不能平静。1979年,湖南柘溪水电站出现大面积裂缝,严重威胁大坝安全。开始攻读研究生的徐世烺听到之后备感震惊,决心为国内刚刚起步的混凝土断裂力学研究贡献自己的一分力量。时至今日,当年那位将家国情怀烙在心底的青年依然在这条路上披荆斩棘、砥砺前行。其项目获授权发明专利27项,软件著作权5项;主要成果获2014年教育部技术发明奖一等奖。在本领域顶级期刊 CCR(*Cement and Concrete Research*)、CCC(*Cement and Concrete Composites*)等发表 SCI 论文35篇;在国家一级学会刊物发表 EI 论文40篇;出版学术专著1部。

顶天立地做科研。徐世烺的研究成果不仅弥补了理论空白,更体现出巨大的实用价值。2011年,两条高韧性纤维混凝土全自动化生产线分别在杭州海外高层次人才创业园和常州建设部绿色建材基地建立,国际上首次实现高韧性纤维混凝土的规模化工业化生产,为大型工程结构安全服役提供了保障。

在桥梁、隧道、港口、大坝等不同工程领域,在重大基础设施建设、分期浇筑、改扩建、工程修复加固等项目中,该研究成果都得到成功推广应用,并广受好评。以上海吴淞军港、浙江新岭隧道、常山港特大桥、湖北丹江口大坝、四川金沙江向家坝等为代表,项目成果不断向外辐射。据统计,2016—2018年项目新增产值22.7亿元,新增利润2.1亿元。

该研究成果在节能减排方面也有显著贡献。使用高韧性纤维混凝土材料及相关技术可以减少甚至免除维修量,大幅度延长使用周期,从而有效降低水泥用量,减少二氧化碳排放。

"之前的研究主要是在抵抗自然灾害的范畴内,但重大安全结构的安全服役还面临着恐怖袭击、可能的战争等更严峻的威胁。"徐世烺说,团队已经开始对高韧性纤维混凝土材料及其复合结构的冲击动力性能开展探索研究,以期为我国重大工程结构的安全服役提供新的科技成果支撑。

(文/图:马宇丹)

慧眼辨良莠，"废物"变"黄金"

日常生活中服用的药片从哪里来？它们很大一部分来源于天然活性物。近 30 年间，全球有 1000 余种新药研制成功并获批生产，其中一半以上药物来源可追溯至天然活性物质。在"救命药"抗癌药中，更有高达 70% 来源于天然活性物。

然而，长期以来，我国天然活性物质分离制造技术水平与国外相差巨大，受到专利与技术封锁，高纯活性单体 90% 以上依赖进口，高端产品市场份额仅占全球 3％，严重制约我国新药创制与大健康产业的发展。

"制药原料被国外垄断，卖与不卖、卖什么价全凭他们说了算，'卡'你的脖子，这怎么行？"2003 年，当浙江东阳一家企业找到浙江大学化学工程与生物工程学院教授任其龙寻求帮助时，以他为第一负责人的"天然活性同系物分子辨识分离新技术及应用"项目也就此萌芽。

任其龙团队针对天然活性同系物分离存在的科学和技术难题，经过十余年科研攻关，建立了天然活性同系物分子辨识分离新方法与技术平台，并成功投入产业化应用。从此，我国天然活性同系物高纯单体制造在世界赛道上实现"变道超车"。

独具慧眼辨别"双胞胎"

全球肝功能不全患者多达 2 亿人。活性维生素 D_3 是肝功能不全患者治疗骨质疏松类疾病的主要有效药物。然而，制备活性维生素 D_3 的核心原料甾醇长期受到外国企业垄断，且依赖于生物发酵途径生产，不仅工艺路线长、生产成本高，技术的缺失更使得我国摆脱进口依赖、自主创制药物陷入极为被动的局面。

突破技术的关键在于从许多结构相似、形状相同、物性相似的分子中辨识分离出特定的一个。这就要求项目团队首先解决分子的选择性问题。

团队在深入研究羊毛脂加工利用的过程中，发现了制备活性维生素 D_3 的新原料 24-去氢胆固醇，一旦提取成功，既不会被国外企业"卡脖子"，又能形成具有自主知识产权的新技术。但是，24-去氢胆固醇与十余种甾类同系物共存，特别与胆固醇分子结构极为相似，差异小于百分之一，要将两者分离极具挑战。

"就像从两个样貌完全一样、身穿同样衣服、体重相差仅 1 公斤的双胞胎中选出特定的一个。"团队成员浙江大学化学工程与生物工程学院研究员杨启炜打了个比方。手拉手的几个亲兄弟,其中一个可作药物治病救人,其他几个却没有药效,甚至会危害人体健康,辨别并分离提取它们迫在眉睫。

分子辨识,梦想很美好,实现却十分困难。传统的化工分离提纯技术普遍受制于分子辨识能力弱、分离选择性低的瓶颈。针对这一难题,团队采用量子化学方法找出同系物分子电子/电荷分布的细微差异,提出了高电子、电荷密度萃取剂结构设计策略,引入功能基团,显著提升了对同系物分子的辨识能力和分离选择性。以此为基础,团队发明了弱极性甾类同系物分子辨识萃取分离关键技术,首创了从羊毛脂中分离制备 24-去氢胆固醇的全流程工艺,从原本被当作废弃物丢弃的原料中提取制备出几乎与黄金等价的宝贝,大大提高其"含金量",实现变"废物"为"黄金"。

技术就是硬道理。经过团队的技术攻关和潜心研究,该项目在浙江花园生物高科股份有限公司正式落地,在国际上率先实现 24-去氢胆固醇的工业化生产。浙江花园生物高科股份有限公司副总经理钱国平博士自豪地说:"有了这项技术以后,全球最大的维生素生产商荷兰皇家帝斯曼集团放弃了所拥有的活性维生素 D_3 生产线,直接采购了我们的产品,并签订了长达十年的采购协议。"

巧手织网对抗"易乳化"

要实现对天然活性物质的完美萃取分离,光有选择性还远远不够。项目团队在研究过程中发现,一些化合物自身带有乳化活性,在萃取的实操过程中很容易发生乳化现象,导致特定有效物质"油包水、水包油",相互纠缠,难以分离。

大豆和蛋黄中含有的卵磷脂是重要的天然产物,被誉为和蛋白质、维生素并列的"第三营养素",是大脑发育和细胞生长不可或缺的营养成分,也是重要的药用乳化剂和药物辅料。然而,卵磷脂由一系列同系物组成,包括磷脂酰胆碱,不仅分子结构很相似,而且极易乳化,分离极具挑战。

怎么解决易乳化这一难题?浙江大学化学工程与生物工程学院教授邢华斌等团队成员设计了兼具氢键供体与氢键受体的双功能萃取剂,能够和卵磷脂分子的亲水端形成氢键网络,阻止了卵磷脂的自聚集倾向,有效抑制了工业萃取过程中乳化现象的发生,形成相间分配可控的低乳化分子辨识分离关键技术,实现了磷脂酰胆碱与其他卵磷脂同系物的高选择性定向分离,制备得到注射级磷脂酰胆碱,溶血性杂质残留小于 0.2%,填补了国内相关技术领域的空白。

协同作战实现"大容量"

从科学问题到技术突破,从实验操作到产业应用,团队没有放松任何一个环节。成本是企业生产始终绕不过去的坎。在项目产业化过程中,单有前两方面的技术突破仍不足以接受实践的"检验"。

"从节约工程成本的角度而言,天然活性物不仅要'可分离',还要尽可能'多分离'。"团队成员浙江大学化学工程与生物工程学院教授鲍宗必进一步解释道。选择性高和对抗乳化也许只能做到从一千对天然活性物"双胞胎"中抓出特定的一个。然而,企业要想取得良好的经济效益,就必须从中一次性抓出一百个,甚至更多。这就是天然活性物的分离容量问题。

针对部分天然活性同系物溶解度低、分离容量小的难点,团队提出萃取剂多位点协同作用的策略，耦合多类型分子间的作用力，以此实现了兼具高分离选择性和大分离容量的双重效果，让众多药物原料实现低成本、规模化生产，大大降低了药价，使更多患者受惠。

具有高选择性、低乳化、大容量等突出优势的天然活性同系物分子辨识萃取分离技术的发明和应用，不仅带来了企业经济效益的提升，一系列社会效益也随之而来。

"资源不加以利用就是浪费。"团队成员浙江大学化学工程与生物工程学院教授张治国强调。我国天然资源十分丰富，但长时间以来，因缺乏先进的分离技术而得不到充分利用。该项目技术突破了天然活性同系物单体制备的技术瓶颈，极大降低了物耗和能耗，实现了资源的充分利用，变废为宝、点石成金，既解决了应用需求，也从源头上减少了污染排放，环境效益显而易见。

"国家强调产业转型升级，就核心技术来说，转型升级就是要比别人更早一步、更快一步。"十余年科研攻关，任其龙团队不仅完成了追赶，还实现了超越。

"萃取是个共性技术、平台技术，我们国家还有很多别的资源可以利用，我们想把这个技术推广到更广阔的领域。"今天，任其龙团队的脚步仍未停歇。分子辨识萃取分离技术的应用潜力正在我国医药化工、轻工食品、资源利用等诸多行业显现。

（文/图：樊　畅）

微流控、模块化，实现 PET 分子影像探针的高效合成

　　浙江大学核医学与分子影像研究所张宏教授团队成功研制国内首套具有自主知识产权的 PET 分子影像探针微流控模块化集成合成系统。

　　目前研制成功的样机具有低成本、多模块、快合成、自动化等特点，采用微流控芯片模块化策略，在一台仪器上可以合成不同的 PET 分子影像探针。这项分子影像探针合成研究成果，不仅极大拓展了个

体化、精准医疗的 PET 临床应用，还可为相关新药研发发挥重要支撑作用，对于我国抢占该领域的科学研究制高点具有重要的战略意义。

团队历时 12 年，突破了高可靠有机反应微流控芯片的制造工艺、多流路试剂注入和产物引出、零死体积微单元的接口，以及气液流体控制系统、电子控制系统、反应控制系统、软件控制系统的集成等多个主要技术难题，形成 9 项重要专利，并且在放射量、制备时间、前体量、溶剂消耗量、功率消耗、设备成本等关键能耗指标上，较现有设备降低 62%～98%。

PET 探针，一把钥匙开一把锁

正电子发射断层显像（Positron Emission Tomography，简称 PET）是国际上最先进的分子影像学检查技术，能够反映活体状态下细胞或分子水平的变化，有助于理解这些特定分子的生物学行为和特征。通过特定标记的药物，可以动态显示机体内各种组织器官及细胞代谢的生化改变、基因表达、受体功能等生命关键信息，揭示疾病生物学过程，实现对肿瘤、心血管及神经精神等方面重大疾病的精准诊治。

分子影像探针是 PET 和核医学的关键，是一种特异性的显像剂，其中发挥信号作用的是放射性核素。这些放射性核素就像"侦察兵"，能为医生和科研人员找到病灶的位置。但是"侦察兵"本身不能在人的体内"巡逻"，需要躲藏在像特洛伊木马那样的特定介质中，通过与病灶上的特定受体等结合，一路释放信号，留下蛛丝马迹，做好生物学特征标记。

举个例子来讲，肿瘤细胞需要消耗大量的葡萄糖，就像一个"大胃王"不停地摄取食物，而正常的细胞"吃饱"后就会停止，由此科研人员可以通过储藏在葡萄糖中的核素氟 18（^{18}F）分析病灶情况。

就好像观察肿瘤细胞需要^{18}F，PET 的分子影像探针的特殊性在于"一把钥匙开一把锁"，要观察特定的生化过程，需要特定的探针。目前，国际上已经有这类分子影像探针 100 余种，随着科研人员的不断探索，这个数量还会不断增加。

然而，现有的分子影像探针合成方式却严重滞后于临床应用和研究的进度，无法胜任新 PET 分子影像探针的研发，且长期依靠国外进口。具体呈现出两大弊端：一是功能单一，每种分子影像探针的制备方法各不相同，且对化学合成工艺具有极高要求，一台合成仪基本只能生产一种探针；二是合成剂量大，表现在反应设备体积庞大，试剂损耗多，一次合成剂量较大，存在浪费，效率不高。"制作分子影像探针的原料，很多都比同等重量的黄金还要贵。"张宏说。合成中浪费随处可见，不是在反应管道剩余，就是每次的生产量大于用量。

PET 分子影像要充分发挥作用，必须要有与个体化临床应用、个性化科研需求相适应的 PET 分子影像探针合成仪。做小、做好，是临床实践对新一代 PET 分子影像探针合成系统研制的迫切要求。

克服瓶颈，凝练科学问题

正所谓：工欲善其事，必先利其器。课题组成员、浙江大学医学中心副主任田梅介绍，她在这项研究中首先从临床提出需求，凝练科学问题，然后与科研团队开展交叉研究。

为什么要"做小"？这是因为每次使用的分子影像探针的用量极微，通常相当于近纳摩尔量级，也就是 10^{-9} 摩尔的物质量。

"未来小型化的合成系统研制成功后，合成设备就可以成为移动平台，或许装上卡车就可以去为病人看诊。"田梅说，各种疾病都会使人体出现破绽，科学家发现了破绽，其使命就是去解决。小剂量、多种类的 PET 分子影像探针是临床和科研所急需的。

如何才能"做好"？就是要解决探针的制备难问题。

这主要表现在探针核心构件为放射性元素且半衰期短，不可能作为商品购置储存，所以在进行 PET 显像检查时，必须在生产放射性核素现场尽快合成制备 PET 分子影像探针，并在限定的时间内就地就近使用。

另一个问题就是如何标记到其他介质，这需要特殊的放射化学合成方法。快速超微量合成制备对工艺、设备及其自动化控制的要求极高，且整个过程要求合成、纯化耗时尽量短。具体来讲，就是在密闭微通道加热加压的同时实现高效传热传质及高效混合，以及微通道内的快速干燥、换相。

由此，作为浙江大学核医学与分子影像研究所所长的张宏，带领田梅、浙江大学化学系特聘副研究员潘建章、化学系微分析系统研究所所长方群教授、化学系副教授雷鸣、化学系副教授徐光明、化学工程与生物工程学院特聘研究员和庆钢，围绕国家卫生与健康重大挑战，瞄准重大疾病精准诊治关键问题，组建交叉学科团队，提出了 PET 分子影像探针微流控模块化集成合成系统这一设计思路。

微流控，让化学合成在一根"头发丝"里进行

说到化学合成，大家首先想到的是瓶瓶罐罐的实验器皿，微流控技术则是把瓶瓶罐罐放到微流控芯片的微通道网络中，让不同流体在其中实现混合、反应、纯化等过程。张宏团队设计出一款特殊的微流控芯片，由石英制成，两张名片大小，但是里面却大有乾坤。

微流控合成，就是在具有微小尺度通道网络的芯片结构内，通过对反应物质流体进行控制实现合成反应的微量快速合成新技术。

"'小'是为了解决快速反应和微量探针的合成。"潘建章介绍，他们采用的微流控芯片结构，使其在容纳流体的有效结构（包括通道、反应室和其他功能部件）中至少有一个维度上为微米级。

"通常微通道宽度和深度为 10～500 微米，长度为 10～100 厘米，最小的通道内径比一根头发丝还要细。"潘建章说。

微流控技术可以显著增大流体环境的面积与体积的比例，强化传质和传热效应，提高反应选择性、速度和操作安全性，实现高效的反应合成。针对微流控系统内难以实现主动的混合和快速的干燥、换相等难题，研究团队通过独特的微流控芯片设计，将问题一一解决。

随着研究的深入，课题组将微流控芯片迭代为涵盖微泵、微储液器、连接微管、微混合器、微分离纯化柱的以微流控芯片反应器为主的合成系统。

经过微流控芯片反应器，以 ^{18}F 分子影像探针制备为例，前道富集率超过 400％，后道纯化物达 90％，大大提高了生产效率。该模块式合成系统能在线控制 PET 分子影像探针的化学纯度和放射化学纯度，易于在我国各医院和研究机构大规模推广和应用，有良好的产业化和市场需求。

模块化，像换磁带一样便捷合成不同分子影像探针

张宏团队研制的微流控芯片反应器能够合成不同的分子探针。根据不同探针的合成反应需要，他们开发出具有不同微流控芯片的反应器。如此，通过自动控制的通道切换，把不同的试剂通入反应芯片。一旦芯片插入仪器，需要什么试剂，就像在饮料机上选饮料，根据需求对接。这样一来，不同的分子影像探针制造通过更换微流控芯片即可实现。每一个芯片就像一盘磁带，插上不同的磁带能够放出不同的歌曲，

插上不同的芯片就能获得不同的探针。

张宏团队还通过系统化集成研究,构建了微流控合成仪主机控制系统,实现了全自动远程控制,只需要在电脑上选择配置方案,便可一键合成所需的分子影像探针。

这项重大科技成果主要完成单位有浙江大学医学 PET 中心、浙江大学医学院附属第二医院核医学科、浙江大学核医学与分子影像研究所、浙江省医学分子影像重点实验室、浙江大学化学系微分析系统研究所、浙江大学化学系有机与药物化学研究所。相关科研工作得到国家科技支撑计划和国家自然科学基金委科学仪器基础研究专项支持。

（文：柯溢能、吴雅兰，摄影：卢绍庆）

一件 T 恤可以秒变止血救生衣？

　　血液是生命之源，失血过多是意外创伤致死的首要原因。据统计，全球每年有 190 万人死于失血过多。因此，在事发第一时间对患者的出血量进行有效控制，是争取治疗时间、挽救生命的关键。在医疗救援到来前，常见的急救方式就是用毛巾、衣服等捂住伤口，但这样的止血效果往往是"螳臂当车"。

　　为了解决紧急救生止血的问题，浙江大学化学系范杰教授课题组采用原位微载技术将介孔单晶菱沸石结合到棉纤维表面，制备了一种柔性沸石棉纤维复合物，该止血材料具备高效的止血性能和可靠的安全性。

　　这项研究被国际知名期刊《自然·通讯》(Nature Communications)在线发表。论文第一作者为浙江大学化学系博士生余丽莎，通讯作者为浙江大学化学系范杰教授、浙江工业大学化工学院朱艺涵教授。

　　大量研究和应用表明，在重度出血情况下，沸石类的无机止血材料是最有效的，因此，美国急救医学技术委员会推荐沸石止血剂作为院前急救的必要手段。"我们长期从事沸石止血方面的研究，原有的沸石止血产品具有明显的弊端。"范杰介绍，国外使用的 A 型沸石止血剂在战争中拯救了上千名士兵的生命，但该产品在使用过程中遇水或血液会放出大量的热,伤口局部温度高达 90℃ 以上,导致皮肤灼伤,影响伤口愈合,这是困扰人们多年的难题。

范杰教授对沸石的组成和表面结构进行改造与升级,得到了止血效果优良且放热温和(伤口温度低于 45℃)的沸石止血剂。该止血剂在2019 年初获得了Ⅱ类医疗器械注册证和生产许可证。

但是,由于现有的沸石止血剂是坚硬的无机粉体材料,容易黏附在伤口上,不利于伤口清创,因此,如何将坚硬的无机粉体止血剂变成柔性、安全、便捷的止血材料,成为新的挑战。棉纤维吸水性好,成本低,可编制成适用于不同伤口形状的止血织物,因此棉纤维是沸石生长的理想载体。此外,课题组发现,在微孔沸石中引入介孔,增加了沸石的孔穴,中断沸石的微孔骨架并缩短扩散长度,有利于促进对血液中水分子的吸收和扩散。

循着这样的设计思路,经过两年的探索,范杰团队开发了一种原位微载技术,将介孔菱沸石结合到棉纤维表面,并使得棉纤维与沸石通过化学键紧密结合。该材料完美地保留了沸石的物理化学性质和稳定性,同时通过中断骨架来产生介孔,从而大大增强物质的吸附力,更有利于止血。该止血材料的外观和手感与普通的纤维几乎没有区别,具有良好的柔软性,并且菱沸石与棉纤维结合得非常牢固。

有着"救命神器"之称的作战纱布,是一种浸渍高岭土的无机止血材料,但这种纱布遇水或血液后,活性成分高岭土很容易脱落,存在较大的安全隐患。范杰教授团队研发的紧密结合的沸石纤维复合物不怕水洗,也不怕水冲,甚至超声波震荡半小时也震不下来。

不仅如此,在非常具有挑战性的猪颈动脉致死模型试验中,用作战纱布在伤口按压 10 分钟仍然血流不止,而沸石纤维复合物纱布在伤口按压 5 分钟就已经成功止血,且使用过程中没有放热效应。在造成人员受伤大出血的突发事故现场，往往缺乏现成的有效止血材料。范杰认为，"把沸石纤维做成止血衣'穿'在身上是最保险的救援方式，实现了随时随地的紧急止血救援"。

该项技术还可以用于制造止血毛巾、止血纱布等多种产品，成为热衷户外运动、极限运动等的特殊人群的保护装备，也可以作为急救装备，在战争、交通事故、地震等意外现场发挥作用。

（文：柯溢能）

通过"意念"控制运动：国内首例植入式脑机接口临床转化研究实现

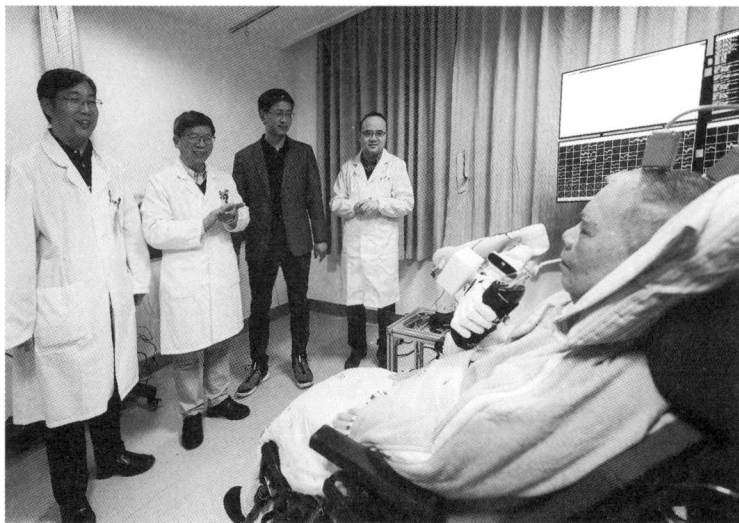

"握住，很棒，向自己的嘴巴移动，再往回一些，好，差不多，停！"随着张先生吸溜一口可乐，病房里响起了一片掌声。

张先生72岁，两年前遭遇车祸，导致第四颈脊髓层面损伤，四肢完全瘫痪。经过系统训练，现在他不仅可以握手，还能拿饮料、吃油条、玩麻将，只不过这些动作不是用他自己的手来做，而是他用"意念"控制外部机械臂及机械手来完成。

这是浙江大学求是高等研究院"脑机接口"团队与浙江大学医学院附属第二医院神经外科合作完成的国内第一例植入式脑机接口临床研究,亦是浙大"双脑计划"重要研究成果。患者可以完全利用大脑运动皮层信号精准控制外部机械臂与机械手实现三维空间的运动,这也首次证明高龄患者利用植入式脑机接口进行复杂而有效的运动控制是可行的。

除了吃喝、社交、娱乐外,这项成果将有助于肢体瘫痪患者进行运动功能重建,从而提高生活质量,未来也将对辅助运动功能、失能者功能重建、老年机能增强等更多领域产生积极影响。

大脑与机械的心灵感应,这不是第一次,但难度很大

在浙江大学医学院附属第二医院 16 楼功能神经外科的一间病房里,张先生刚刚午休结束。护士一边叫着"外公、外公",一边轻轻地在他腿上盖了一块毯子,而那边,工作人员已经把设备调试好了。这一天的训练由此开始。

工作人员把一个放着油条的杯子放在机械手的旁边,张先生用"意念"让机械手对准位置,张开手指,握住杯子,一步一步往回挪。挪的过程并不都十分顺畅,有时候往左偏一点,有时候往右偏一点,张先生得"使劲"想着"往右"或"往左",调整机械臂的方向。经过近半分钟的努力,机械手终于把杯子挪到了他的嘴边,张先生吃到油条了。

抓、握、移,这些对常人来说再简单不过的动作,背后却是信号发送、传输和解码等一系列复杂的过程。这一"转念"之间的过程,对像张先生这样脊髓神经损伤、运动功能丧失的残障人士而言,是不可能完成的任务,而近年来兴起的脑机接口技术为这类患者带来了福音。

所谓脑机接口,就是在大脑和假肢等外部设备之间建立一条直接传

输大脑指令的通道,在脊髓及运动神经通路损坏但大脑皮层功能尚健全的情况下,使脑部的信号能通过计算机解读,直接控制外部设备。

早在 2012 年,浙大团队就在猴子的大脑中植入微电极阵列,运用计算机信息技术成功提取并破译了猴子大脑关于抓、勾、握、捏四种手势的神经信号,使猴子能通过自身"意念"直接控制外部机械手臂。2014 年,浙大团队在人脑内植入皮层脑电微电极,实现"意念"控制机械手完成高难度的"石头、剪刀、布"手指运动,创造了当时的国内第一。

与前两次相比,这项最新成果有什么不同呢?浙大求是高等研究院教授王跃明说,2014 年的临床应用是在患者大脑皮层表面"盖"上一块电极片(皮层脑电电极),电极本身并未插入大脑皮层内部,属于开颅但不插入皮层的半入式操作,不能检测到单个神经元的放电。而这次是把微电极阵列直接插入大脑运动皮层里面,是植入式操作,可以检测单个神经元细胞放电情况,获取的信号更直接、稳定和丰富。"相比非植入式研究,打个比方,植入式相当于在体育场里看足球比赛,能亲眼看到运动员是凌空抽射还是头球攻门,而非植入式的就像是在体育场外'听'比赛,只能通过欢呼声或嘘声了解个大概。"

2012 年的研究也属于植入式,但从猴子大脑到人类大脑,对所研究信号的解码、编码、运算方式及效率等都提出了挑战。首先,前者可以通过实际移动手臂获得脑信号,而瘫痪病人完全是想象运动,没有准确的运动信息用于构建解码器,信号质量较前者也不稳定;其次,人的大脑活动受环境影响更大,计算机处理这些信号的复杂程度也会大大增加。

既往在国际上已经报道的植入式脑机接口研究的志愿者均为中青年,而本次张先生是典型的高龄患者,在体力、注意力、情绪配合等方面都相对较弱。浙大二院神经外科主任张建民说:"这次实验的个体化程度要求高,没有任何先前经验可供参考,需要我们在围手术期管理、手术操作、电极植入精度以及术后训练模式、信号分析、医护照护等多个方面进行不断探索和创新。"

机器人辅助手术、非线性神经网络算法,都是新尝试

在做好充分的术前准备后,2019 年 8 月,研究方案经医院伦理委员会批准,并征得张先生和家属的知情同意后正式开始。

挑战从如何在尽量减少损伤的情况下将微电极准确无误地植入患者大脑开始。

张建民说,大脑皮层神经元共分为 6 层,实验需要将电极植入第 5 层的位置。就像战国时期的宋玉在《登徒子好色赋》中所言"增之一分则太长,减之一分则太短",电极植入的位置太浅了达不到效果,太深了又会损伤其他神经,难度非常大,"这对我们来说,是全新的手术"。

以往类似的手术都是传统的人工植入,虽然植入效果及后期脑电信号质量总体尚可,但精确程度还不够理想。张建民想到了手术机器人。他们利用步进为 0.1 毫米的手术机器人,准确地将 2 个微电极阵列送入既定位置,误差控制在 0.5 毫米以内。这也是全球首例成功利用手术机器人辅助方式完成的电极植入手术。

"在 4 毫米×4 毫米大小的微电极阵列上有 100 个电极针脚,每一个针脚都能检测到 1 个甚至多个神经元细胞放电。电极的另一头连接着计算机,可以实时记录大脑发出的神经信号。"王跃明说。

接下来的关键一步就是如何实现"意念操控"。团队介绍说,人的大脑中上千亿个神经元通过发出微小的电脉冲相互交流,从而对人体的一举一动发号施令,要实现意念控制,就要对电极检测范围内的人脑神经电信号进行实时采集和解码,将不同的电信号特征与机械手臂

的动作匹配对应。

由于脑机接口技术同时依赖患者脑电信号特征及机器算法设计，目前还没有统一标准化的信号采集、解码等分析手段；也就是说，不能直接搬用已有的分析手段。事实上，在研究过程中，团队也验证了这一点。他们一开始用国外的几套线性算法，效果都不太好。后来，王跃明与团队成员引入非线性、神经网络算法，提出了针对这一例高龄患者的个性化解决方案。

"相对于中青年患者，老年患者的脑电信号质量与稳定性都要差些，我们设计的非线性解码器更能'读懂'老年人的心思，能够帮助患者更好地在反馈式学习中掌握如何操控机械臂与机械手。"

当然，要达到"人与机械合一"的目标是非常困难的。团队采用循序渐进的训练方法，先让张先生在电脑屏幕上通过操控鼠标来跟踪、点击二维运动及三维虚拟现实运动中的球，再练习指挥机械臂完成上下左右等9个方向的动作，最后才是模拟握手、饮水、进食等动作。训练耗费了4个多月时间，才有了现在这样令人激动的成果。

喝水饮食不再难，还能打麻将娱乐一把，心情好多了

饿了就能吃，渴了就能喝，通过脑机接口，张先生能够自己"做"一些事情了。他说，心想事成的感觉真是太好了。工作人员知道张先生喜欢打麻将后，特地设计了一套程序，让他能够通过控制鼠标玩电脑麻将游戏。"刚来我们这儿的时候，张先生心情很低落，我们跟他说话，他都不怎么搭理。现在，能看得出他开心多了。"护士长说。

为病人着想，这也是所有工作的出发点。

"任何基础医学研究的最终目的都是要应用到临床，为病人解决实际问题，这就是所谓的'转化医学'。"张建民说，高位截瘫、肌萎缩侧

索硬化、闭锁综合征等重度运动功能障碍患者有望应用植入式脑机接口技术并借助外部设备重建肢体运动、语言等功能，而且随着脑科学的不断发展，这一领域的临床应用将从现有的以运动功能为主的功能重建逐渐推广到语言、感觉、认知等更多更复杂的功能重建上，"大家知道，脑卒中好发于老年人，许多脑血管病患者虽经我们救治挽回了生命，但常常遗留偏瘫、失语等后遗症。这次在老龄志愿者身上成功实现脑机接口运动功能重建转化研究，将对未来的临床治疗和康复产生非常重要的指导意义"。

王跃明说：脑机接口领域的研究需要神经科学、信息科学、机械工程和医学等多个学科的紧密合作，而浙江大学的综合性特征为学科交叉提供了很好的土壤。

从最初实现电极植入大鼠脑部的"动物导航系统"到脑机接口应用在人的大脑上，团队花了十余年的时间。而今天的这项研究也意味着浙江大学的脑机接口技术已经可以跻身世界最先进水平。

这项研究得到国家重点研发计划"基于脑机接口的脑血管病主动康复技术研究及应用（2017YFC1308500）"、国家重点研发计划"脑机融合的脑信息认知关键技术研究（2018YFA0701400）"、国家自然科学基金重大科研仪器研制项目"脑神经网络复杂系统的实时解析与调控仪器研制（31627802）"的资助。

（文：吴雅兰、柯溢能，摄影：卢绍庆）

新型催化剂让新一代氢能汽车或可大规模降低燃料成本

氢气作为新一代清洁能源,具有无污染、燃烧值高、资源广泛的优势。氢气从哪儿来?最常见的方法就是通过水裂解产生氧气,进而形成氢气。这一电/光电催化析氧反应(OER)过程中,涉及四电子转移的复杂反应过程,具有反应动力学缓慢和过电位较大等问题,限制了整体的能量转换效率。

因此,科研人员研究出贵金属铱作为催化剂提高反应效率。但不可否认,铱的成本太高,每克单价接近黄金的两倍。长久以来,科研人员想要找到廉价的替代品,然而研究结果往往整体催化效率较低且催化机理和活性位点难以捉摸。

浙江大学化学工程与生物工程学院"百人计划"入选者侯阳研究员通过仿生学的方法,设计并开发出一种单原子OER催化剂,将高度分散的镍单原子锚定在氮-硫掺杂的多孔纳米碳基底上,用于高效电/光电催化水裂解析氧反应。这项成果被知名学术杂志《自然·通讯》(*Nature Communications*)在线报道。

这项研究工作的第一通讯作者为侯阳研究员。

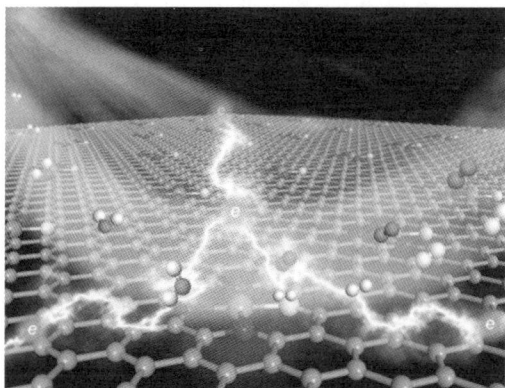

原子级分散镍-氮-硫电/光电催化水裂解析氧

　　要设计新型催化剂,侯阳课题组从材料的原子结构开始剖析。课题组发现在叶绿体中存在一种金属-氮配位卟啉结构,该结构能够收集太阳能,利用光合作用氧化反应分解水,并释放出氧气。"近年来,类似镍、钴、铁等过渡金属与氮配位掺杂的碳材料被认为是 OER 反应过程中催化剂的有力'候选者'。"侯阳介绍,于是他们进一步分析发现了镍-氮配位掺杂的碳材料。在这一特殊结构中,四个氮原子"拉着"金属镍原子,吸引氢氧根离子吸附,降低了各种中间环节的转换难度,进而加速氧气析出。"与析氢反应相比,析出氧气是四电子反应,相对来说更难制备,氧气产生了,氢气制备的问题就迎刃而解。"

　　为了进一步加快催化效率,侯阳课题组继续改进镍-氮配位结构。侯阳打了个比方,镍-氮配位掺杂的碳材料结构相对稳定,就好像四个力量相当的人各往一个方向使出均匀的力度。于是,侯阳课题组提出能否置换其中一个氮原子,如同换上一个力量更大的人,适当地协调中心镍原子对氢氧根离子的吸附和后续产物的解吸能力。

　　侯阳课题组采用球差校正扫描透射电子显微镜、电子能量损失谱、X 射线近边吸收光谱和扩展 X 射线吸收光谱等手段,首次揭示了镍单原子锚定在氮-硫掺杂的多孔纳米碳催化材料中,原子级分散的镍单原子与周围 3 个氮原子及 1 个硫原子形成配位结构,共掺杂到纳米碳骨架,作为催化活性位点。理论计算结果阐明,硫原子的引入优化了镍-氮掺杂纳米碳表面的电荷分布,大幅度降低了 OER 反应势垒,进而极大地加速了 OER 反应动力,从而导致其高效的电/光电催化性能和优良的稳定性。

"用 1 个硫单原子替换 1 个氮只是其中一种方法,由此可以选择不同力量的单原子进入镍-氮配位结构中,打破原有的稳态,形成新的催化剂,这也为系列催化材料奠定了基础。"侯阳说。

镍-氮材料极不稳定,需要"锚定"在碳基底上,这个过程就像船靠岸的时候,从船上扔下一个很重的锚,不让船动。通过工艺迭代,研究人员制备的负载在氮-硫共掺杂多孔纳米碳上的镍单原子催化剂展现出独特的 2D 层状结构,其厚度约为 32 纳米,长度大约为几微米。得益于高比表面积和高度分散活性位点,这种新型催化剂电极在碱性条件下表现出优异的电催化水裂解析氧活性和稳定性。

实验发现,该课题组研制的镍单原子锚定氮-硫掺杂的多孔纳米碳催化剂,相比市场上广泛应用的商业铱基催化剂,其过电位降低了大约 5%,也就是说驱动反应的能量降低 5%,同时成本降低了 80% 以上,并且稳定性大幅度提高,展现出工业级电解水制氢的潜能。

OER 析氧反应需要由电或光电驱动,课题组将制备的电催化剂进一步选择性沉积在氧化铁电极表面,形成一个高效的太阳能驱动水裂解整合光阳极。"通过这一设计,能够利用太阳光能产生电能,驱动整个催化反应,节省了额外的驱动电源。"

OER 析氧反应是水裂解器件和金属-空气电池的核心过程。谈及未来的应用,侯阳介绍,新一代燃料电池汽车对高能量密度提出重要需求，水裂解产生的氢气能源将发挥重要作用。与此同时，新能源汽车的动力源锂硫电池的动力目标是 500 瓦时/公斤（Wh/kg），让汽车可以跑一天。未来要进一步提高电池效能，就需要金属-空气这一新型燃料电池，OER 析氧反应是其中氧化反应的重要一环。

侯阳还说，本次研究不仅设计并开发出一种高效稳定的过渡金属-氮-硫原子级电催化剂，还为设计低成本高活性人工固氮合成氨、二氧化碳高值化利用和氧还原催化材料设计提供了新的思路。

这一科研工作得到了国家自然科学基金、浙江省杰出青年基金和浙江大学"百人计划"启动基金等项目的支持。合作完成工作的还有德国德累斯顿工业大学及华中师范大学的研究人员。

（文：柯溢能）

控制物体的"万能抓手"来了！

说到抓取物体的抓手，大家往往会想到类似人手的机械装置。但事实上，在工业生产、科学研究和日常生活中，"手到擒来"并非易事，抓手的设计常常因物体尺寸、形状、数量规模等特殊要求而变得极具挑战。

如何实现抓手万能？浙江大学航空航天学院宋吉舟教授团队基于形状记忆聚合物，提出了一种新型的"万能抓手"策略。这个"万能抓手"的载体非常简单，就是一块智能"塑料"。别瞧它结构简单，本领可不小，它可以把目标物体"锁"在体内，轻松地抓取1微米到1米大小之间任何形状的物体。

这一研究成果已发表在知名学术期刊《科学进展》（Science Advances）上，文章共同第一作者为浙江大学航空航天学院硕士生令狐昌鸿和博士生张顺，通讯作者为浙江大学航空航天学院宋吉舟教授。

宋吉舟教授团队的"万能抓手"何以做到"探囊取物"？靠的便是形状记忆聚合物。形状记忆聚合物是一种特殊的智能材料，论其特殊，就特殊在它的"逆来顺受"：在外部刺激作用（如光、热）控制下，形状记忆聚合物可软可硬，在受到一定的外力作用导致变形后，它就能保持这个变形后的形状，可谓"顺其自然"；然而在一定的外部刺激作用下，它又会变回原来的样子。目前，形状记忆聚合物已经被广泛用于智能织物、电子包装管的热收缩膜、航空器太阳能帆板展开机构、智能医药器件等领域。

宋吉舟教授团队的新策略是：第一步，抓取物体时，先在外部刺激作用下，让形状记忆聚合物变得柔软，趁此机会将物体或者物体表面的结构嵌入其中；第二步，去掉外部刺激，让形状记忆聚合物变回刚硬的状态，保持住该变形的临时形状，将物体"锁住"，从而把物体抓取起来；第三步，等把物体转移到目的地之后，再次施加外部刺激，形状记忆聚合物就会恢复初始形状，将物体"解锁"释放。

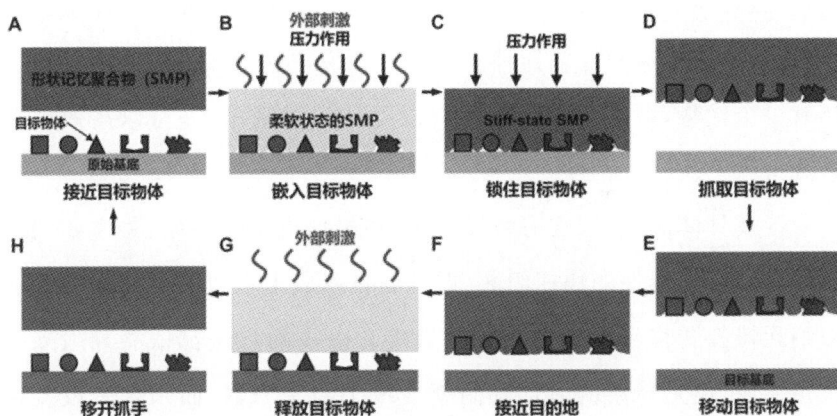

形状记忆聚合物"万能抓手"抓取和释放物体的流程示意

形状记忆聚合物这块智能"塑料"，就好像是一把有魔力的万能锁，能锁住世间万物。为了获取"猎物"，它先变成柔软的橡皮泥，把物体柔柔地包住；然后变成坚硬的石头，把物体牢牢地锁住；等把物体"押送"到目的地，它又会重新变成软软的橡皮泥并释放物体。宋吉舟教授介绍，这把"万能锁"能在典型的三维结构物体上产生很大的抓力，包括球体、方块、管状物体、螺栓、螺母、枣核、钥匙串等；更厉害的是，它还能像壁虎一样，黏附在物体表面，不论物体表面是光滑还是粗糙。

那么对于尺寸小的物体，这个抓手又是如何发挥功效的呢？当物体尺寸小到微观尺度（100 微米左右或者更小），物体受到的表面力，特别是与抓手的黏附作用强，会给物体的释放带来较大的挑战。在该设计中，抓手通过把物体或者物体表面的结构锁在其内部实现抓取，不依赖抓手的黏附力，所以当黏附力给物体释放带来挑战时，就可以通过在抓手表面镀上一层特殊材料，或者增加抓手表面粗糙度来减弱黏附力，从而实现物体的释放。这样，即使是 75 微米大小的不规则铁颗粒或者是直径 10 微米的二氧化硅球，也能顺利从形状记忆聚合物"万能抓手"中得到释放。

"微观抓手就像微观世界里的吊车，可以用它在微观世界里搭建'建筑'，制作特殊的光电器件。"令狐昌鸿说，"这个抓手在微观视角下还有一个优势，即一个抓手就是数以万计的微观吊车，可以高效地在微观世界工作。"

谈及具体应用，宋吉舟教授表示，在柔性电子制备中，最重要的一步就是微观元器件的快速组装，即把制备基底上数以万计或者更多的微纳元器件转移到柔性的使用基底上。以往的方法都依靠黏附来一次性抓取，但是释放的时候黏附就变成了限制因素，而宋吉舟教授课题组提出的这个策略，完全不依赖黏附，为柔性电子的制备提供了一种新思路，有望推进柔性电子的工业化进程。

该项目得到国家"973 计划"、国家自然科学基金和中央高校基本科研业务费专项资金等的支持。

（文：柯溢能）

发现新矿物：会发光的竺可桢石

矿物是构成地球的基础物质。2020 年 4 月，浙江大学地球科学学院饶灿教授课题组发现一种新矿物 $LiAl_5O_8$，经国际矿物学协会新矿物命名及分类委员会全票通过，获得批准。该矿物被命名为"竺可桢石"，英文名为 Chukochenite，国际矿物学会编号为 IMA 2018-132a，国家博物馆藏号为 M13818。竺可桢石是自然界中发现的第一个锂铝氧化物，具有特殊的物理性质，对未来科技研究具有重要意义。

新矿物竺可桢石产于湖南省郴州市香花岭矽卡岩中，是癞子岭花岗岩侵入过程中与周围碳酸岩围岩反应的产物，其形成时间在约 155 百万年前，历经沧海桑田。竺可桢石呈自形-半自形晶体，斜方晶系，空间群为 I mma，晶胞参数：a ＝ 5.6593(4) Å，b ＝ 16.8981(9) Å，c ＝ 7.9938(5) Å，V ＝ 764.46(8) Å³，Z ＝ 6。

饶灿介绍，该新矿物的命名是为纪念我国著名科学家、教育家、原浙江大学校长竺可桢院士（1890－1974）。竺可桢是我国地球科学的奠基人之一、浙江大学"文军长征"的领导者、地球科学学科的创建者、求是精神的倡导者和最坚定的践行者，深受国内外人士尊敬和爱戴。

2017 年以来，饶灿课题组一直在湖南香花岭地区对花岗岩及周围

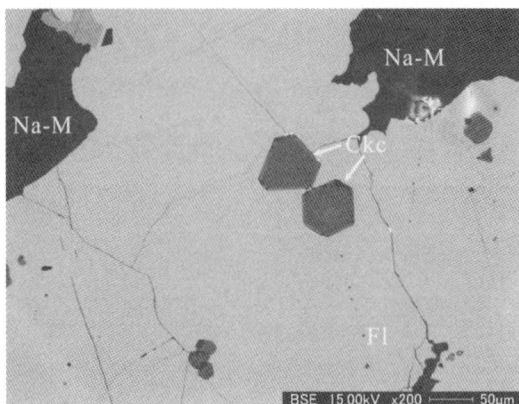

竺可桢石的背散射电子像（Ckc——竺可桢石；Fl——
萤石；Na-M——钠云母）

矽卡岩进行稀有金属矿物学研究。在电子探针化学成分分析过程中，发现这种矿物的总量仅有 96 wt.％左右，与国际已承认的矿物相差甚远；经过计算还发现，此矿物中阴阳离子很难配平，阳离子偏少，可能含超轻金属元素。

在化学成分总量不足的情况下，存在多种可能；而现有的电子探针暂时不能分析锂元素，很难直接获得其化学成分。这两个问题一直困扰着课题组。饶灿说：通过后来持续研究，一步步证实金属锂的存在并确定其晶体结构，最后成功发现了新矿物竺可桢石。

竺可桢石具有特殊的晶体结构，在掺入其他杂质后能够发光产生特殊的光学效应，在目前，已有人工合成的 $LiAl_5O_8$ 用于荧光材料的基质，对于创新性地开拓新兴稀土发光材料具有重要的科学价值。"这是我发现的第五种新矿物，但却是第一个能够发光的新矿物。"饶灿说，"这正象征竺可桢校长倡导的求是精神，永远照耀着我们，星火传燃。"

众所周知，超轻金属锂广泛应用于电池、冶金以及光电等新兴战略产业,在未来科技应用中具有不可替代的作用。浙大科研人员发现竺可桢石,为深入了解锂的地球化学行为提供了重要信息。竺可桢石与萤石、云母、金绿宝石、尼日利亚石、绿泥石等矿物一起产出,对铍矿、锡矿等关键金属矿产的指导找矿也具有重要的指示意义。

据了解,新矿物发现属于矿物学领域重要的基础性研究工作,可为人们认知与利用自然界中的新物质提供科学依据,为合成制备新材料提供有力的技术支撑。

（文：柯溢能）

栽培水稻"返祖"：神出鬼没的杂草稻

返祖现象也称野化或去驯化，是生物界经常发生的一个遗传现象，指栽培作物和家养牲畜等从人工环境回归自然环境，恢复野生特征。

就栽培水稻而言，去驯化后成为杂草稻，杂草稻呈现出籽实变小、红皮的特征，经过环境适应进化具有落粒特征，种子成熟即散落田间，之后于水稻生长季节与栽培稻伴生。这种"山寨版"的水稻作为稻田恶性杂草，严重影响水稻生产，被形象地称为"鬼稻"。

经过三年多的努力，浙江大学农业与生物技术学院樊龙江教授领导的国际研究团队，对各大洲 16 个主要水稻生产国的稻区都进行了抽样，在对 524 份杂草稻的研究中发现水稻在世界各稻区均存在去驯化现象。这项调查也对水稻进化、资源利用和杂草稻防控具有重要意义。

相关研究成果在线发表在开放获取期刊《基因组生物学》(*Genome Biology*)上。

返祖现象是进化的必然

通过基因组重测序，并结合已有当地栽培稻和野生稻基因组数据资源,在对样本进行群体遗传学分析后发现,全球稻区发生的杂草稻都来自栽培稻,而且这个去驯化过程是一个持续的过程。

一般认为,水稻的进化过程从野生到经过驯化,至现代遗传育种改良便结束了,因此有的科学家认为杂草稻与栽培稻只是"近亲",没有直接的血缘关系。但中外学者的这项发现把人类对作物发展的认知又向前推进了一段。

"人们对作物回归野生状态的认识,对于防控杂草稻有积极的作用。"樊龙江表示。每年收割水稻时都会有种子落粒,田里种子数量越多,进化出杂草稻的概率越大。因此,减少田间种子遗留的库容,是减少杂草稻的重要手段。

为什么进化中会出现返祖现象?

研究结果表明,这是适者生存的自然选择。随着人们对水稻的不断改良,水稻谷粒变大且不易脱落,这样一来便于收割,有助于增产提效。但这一改良在满足了人类需求的同时却改变了水稻的生存法则——其原有的繁衍生存机制被破坏。

因此,杂草稻需要不断适应新的变化,让自己生存下来。"落粒是种子回归土壤实现繁衍的关键一步,是在自然界生存最重要的机制;同时,将种子变小,也是为了便于传播生长。"樊龙江解释。

为了自身物种的繁衍,趋向于野生特征,是不可抗拒的大趋势。这也就是杂草稻恢复脱落生长的重要原因。

"去驯化是作物不可避免的进化机制。"樊龙江介绍,这一过程在各地历史上持续多次发生,甚至有些发生在"绿色革命"(即矮化育种)之后。

杂草稻的危害来源于极强的竞争力

杂草稻在我国大面积发生,特别在江苏、广东、辽宁和宁夏等地,杂草稻成为我国稻田里除稗草外最严重的杂草。

究其原因,是杂草稻随水稻生长季节与栽培稻伴生。此前的研究已经表明,杂草稻在有限的空间内与栽培稻展开竞争,比如争水分、争光照、争养料。由于其遗传背景与栽培稻极其相似,除草剂难以根除,这给水稻生产带来极大影响。

杂草稻为何能这般"神出鬼没"?

这其中很大一部分原因,要从其杂交起家的遗传背景说起。

在这次调查中,科研人员发现全球特别是在南美稻区,有大量杂交起源的杂草稻,它们或是杂草稻之间杂交,或是杂草稻与栽培稻之间杂交。这种杂交导致杂草稻同样获得了对除草剂的抗性。科研人员建议,要尽可能防止不同水稻品种间的串粉,加强对育种过程的管控,以减少杂草稻的出现。

难以除净杂草稻的另一个原因就是从外形上很难区别。在苗期,杂草稻就与栽培稻"较劲",抽穗之后还会率先成熟。

樊龙江认为,通过稻苗移栽能够很好地防控杂草稻。育秧使水稻苗已经长得很大,这样一来,杂草稻不容易"赶上"新插的秧。"现在水稻种植大多采用直播,省时省力,缺点就在于给了杂草稻与栽培稻一起发芽的机会,相同的'起跑线'。这也就是杂草稻越来越多的原因之一。"

在危机中找到未来水稻育种的机遇

杂草稻的危害性还来自休眠特征,也就是说它在一定条件下能够度过田间冬季的严酷环境,直到稻季才发芽。

这样年复一年的结果就是杂草稻越来越多,终成大害。樊龙江介绍说,水稻长,它就长,"如果一块地闲置两年重新种植水稻,杂草稻又会'复活'"。

这种能力来自从休眠中"觉醒"的种子及其强劲的发芽势。科学家们很希望将这种"发芽率高、长势强"的优点应用到水稻育种当中，通过提高自然适应能力，为增产增收开辟新的思路。

研究发现，全球不同地区杂草稻存在一个共同的强烈基因组分化区域，即 7 号染色体一个 0.5Mb 区间。该区域包含与种子休眠、抗性等相关的基因，对杂草稻的环境适应非常重要。此外，休眠性相关基因经历平行进化，在粳型杂草稻和栽培稻间分化明显，可能在不同杂草稻群体野化过程中发挥重要作用。

化危机为转机，中外科学家在对杂草稻的研究中不断寻觅新的育种方向。

栽培稻从野生稻驯化而来，是人类对其基因的重新选择，而去驯化过程中，杂草稻发生了新的基因突变。在基因组选择信号分析发现，野化选择的区域与驯化选择的区域重叠率很低。

举个最典型的落粒的例子。人工选择水稻的基因靶点是 sh4，但在对杂草稻的分析中，这个位点杂草稻并没有发生变化，但它却又恢复了落粒。"这也就说明作物野化过程中的环境适应，其进化的机制不一样。"

浙江大学农业与生物技术学院邱杰博士（现任教于上海师范大学）、博士生贾磊和吴东亚为该论文共同第一作者，樊龙江教授和美国华盛顿大学 Kenneth Olsen 教授为通讯作者。来自中国、美国、巴西、意大利、日本、澳大利亚、马来西亚、菲律宾等地的 12 个研究团队参与了该研究。

（文：柯溢能）

从河流潮滩到天体地貌：揭秘泥沙颗粒输运背后的力学机制

地球表面高山、丘陵、沙漠、河流、潮滩等地貌形态万千，它们是如何在历史的岁月中逐渐形成的呢？放眼宇宙，空气密度极低的冥王星，是如何神奇地拥有丰富的沙丘地貌的？被称为"沙漠行星"的火星，会因为大风而刮起沙尘暴吗？……

这些自然界中的奥秘正是地球物理学科的泥沙运动力学所研究的问题。已有的研究告诉我们，泥沙颗粒输运普遍发生于大气环境和水环境中，是塑造地貌形态最重要和最根本的自然过程之一。如何理解和定量描述地表环境泥沙颗粒的起动、输运和沉降是揭示地貌形态千差万别的核心问题。目前，野外和实验数据已经证明，粗颗粒泥沙输运量与流体强度之间的关系，在大气环境中表现为线性，在水环境中表现为非线性。然而，如此截然不同的输运规律背后的力学机制却一直是个谜。

浙江大学海洋学院"百人计划"研究员托马斯·派兹（Thomas Pähtz）博士成功揭开了这个谜底，并推导出了描述粗颗粒泥沙输运量与流体强度关系的通用方程，相关研究成果在物理学学术期刊、美国物理学会刊物《物理评论快报》（*Physical Review Letters*，简称 PRL）上发表，并被该刊物和《物理学》（*Physics*）同时聚焦报道。

通过离散元（DEM）精细数值模拟追踪大量泥沙颗粒的运动轨迹并分析其受力特征，托马斯·派兹首次发现，粗颗粒泥沙的动能耗散机制主导其输运规律。大气环境条件下，颗粒和床面间碰撞是主要的耗散机制；而在水环境条件下，颗粒和床面间碰撞与颗粒之间的碰撞起着同等重要的作用。根据这一新的理论认识，托马斯·派兹推导出能统一描述大气环境和水环境粗颗粒泥沙输运量与流体强度关系的通用方程。这为深入认识地球甚至火星等外星球表面丰富多样的地貌形态提供了有力的理论工具。

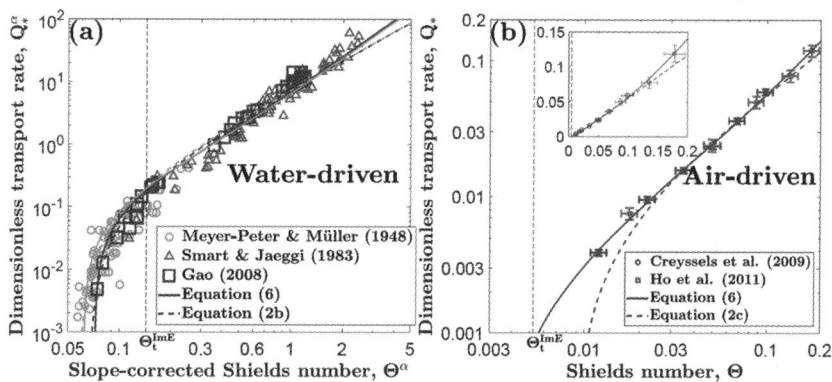

统一输沙率公式与水环境（左图）和大气环境（右图）相关实验资料对比

"最困难的部分是对模拟的结果进行物理解释和数学描述。在总共 7 年的时间里，我无数次地用笔和纸进行尝试。特别是在最初的 4 年里，我大部分时间都在思考这个问题。"托马斯·派兹说。

评审专家认为，这项研究工作针对的是地球物理学科最基础但没有被揭示的问题。而对于未来的进一步应用，托马斯·派兹表示，上述通用方程可以预测任意大气/水体环境下的泥沙输运量，这使我们能够更好地了解宇宙天体的地貌,还可以通过测量行星的动力地貌来间接推断行星的风况。

据悉,托马斯·派兹于 2020 年 1 月起受邀担任美国地球物理学会会刊《地球物理学研究杂志:地表过程》的副主编。他是浙大近海环境流体力学团队的重要成员,该团队由贺治国教授领衔,主要从事近海泥沙动力学、海岸动力学、近海环境流体力学等方面的研究,成果已逐步应用于理解河口海岸泥沙运动、深水航道整治、深海地貌演变、深海热液源矿物颗粒沉积等问题,取得了重要的国际影响力。

该研究得到国家自然科学基金和浙江大学"百人计划"研究基金的资助。

(文:吴雅兰)

国内单机功率最大的海流发电装备"复工发电"

随着疫情得到有效控制,由浙江大学自主研发的大长径比半直驱高效水平轴650千瓦海流能发电机组在舟山恢复并网发电,"复工发电"后最大发电功率达到637千瓦,创国内最大发电功率纪录。

在舟山市摘箬山岛海域,浙大海洋能试验电站,几座通体火红色的发电机组十分醒目地高耸在海面之上。海潮涌动,推动水中的叶轮,带动发电机运转。大海蕴藏的清洁环保、永续不竭的能源就这样源源不断地被输送到海岛之上。

"在前期研制的 30 千瓦、60 千瓦和 120 千瓦系列化装备基础上,我们研制的 650 千瓦大长径比高效水平轴海流能发电机组是目前国内单机发电功率最大的海流发电装备。"浙大海洋研究院副院长、机械装备与海洋工程交叉创新团队首席教授李伟说。单机组发电功率越大,意味着装备产业化能力越强,越有利于开拓海洋能市场。

海流发电装备主要有水平轴、垂直轴和振动式三种基本形式。该交叉创新团队的林勇刚教授说,和另两种相比,水平轴形式能称作一种"高效"结构——海水流过,近一半的能量可以提取出来。相比较而言,我国早期已经投用的一批垂直轴海流能发电机组,其效率不及水平轴的一半;振动式的效率更低一些。而发达国家的大型海流能发电机组也均采用了主流的水平轴结构形式。

在浙大多学科交叉汇聚理念引领下,团队历时多年,攻克了水平轴发电装备技术路线,取得多项原始创新成果。"和许多机械能源装备一样,海流能发电机也存在长径比这个概念。我们的研究揭示了,对比同等功率机组,长径之比越大,综合性能越佳。"该团队刘宏伟副教授说,"我们对叶轮、低速齿轮箱和亚低速电机等主要部件径向尺寸进行约束性优化设计,最终形成外形狭长流畅、内在性能优异的大长径比半直驱新机型。"

这一系列化原创机型和一些关键部件的创新,从整体上解决了海流能发电机作为能源机电装备的高效性、作为海洋服役环境装备的可靠性和作为间歇能量供电装备的稳定性三大难题,中国代表连续两年在国际专业会议上介绍,产生了广泛影响。

李伟说,浙大 650 千瓦机组在 2017 年就完成了厂内和现场并网发电试验。此后,浙大摘箬山岛海洋能试验电站根据国家需要,数次腾出650千瓦机组试验泊位为国内包括国电集团(和浙大共同承担国家自然资源部项目)、哈电集团、杭州江河水电等单位研制的300千瓦样机提供实海况试验支撑。其间,650千瓦机组也根据阶段性海试信息优化改进。此次疫后"复工发电"的改进型650千瓦机组,叶轮结构和工艺进一步优化,轴向推力载荷有所减小,防腐防砂抗磨损的性能进一步强化。

我国东部沿海是世界上海流能功率密度最大的地区之一。浙江省舟山群岛附近水道平均功率密度在每平方米20千瓦以上,开发环境和利用条件十分有利。日益成熟的海流能发电装备将有效满足无电、无水、无人岛屿和离岛的特殊供电需求,实现就地取能、海能海用。

(文:曾福泉、柯溢能、高楚清)

测测"血型",育出好瓜不怕裂

果实开裂是自然界中的常见现象,从进化上来讲,"瓜熟蒂落"有助于种子的传播和植物的繁衍;从产业上来讲,田间和采后的果实开裂却会大大降低经济效益和消费价值。

果实开裂造成巨大产量损失(左:田间裂瓜导致减收或绝收;右:西瓜丰收对比)

从另一个角度讲,果皮的耐裂性与果肉品质紧密相关,导致了"耐裂品种不优质,优质品种不耐裂"的现象。因此,西瓜果皮坚硬耐裂,同时果肉清脆爽口,成为一个重要的育种目标。这样一来,从田间到餐桌,瓜农好种、经销商好卖、消费者觉得好吃,三全其美。

经过多年研究,浙江大学农业与生物技术学院张明方教授课题组首次发现了与新鲜果实耐裂相关的基因，不仅为进一步阐明果实耐裂性机理提供了新见解，同时也有利于加速耐裂优质品种的精准育种，为通过分子标记辅助育种等技术改良西瓜品种的耐裂性指明了重要的靶标基因。

这项研究成果以封面文章的形式发表在国际知名植物学刊物《植物生物技术杂志》（*Plant Biotechnology Journal*）上。浙江大学农业与生物技术学院博士生廖南峤、胡仲远副教授为共同第一作者，张明方教授为论文的通讯作者。

西瓜皮耐不耐裂，这次找到了评价指标

裂果是农业生产中普遍发生的现象，严重影响果实的产量和商品性。西瓜在生产和物流过程中均易出现裂果现象，每年田间和物流阶段的产量损失巨大。

西瓜从唐代经古丝绸之路进入中国，也历经自然选择和人工培育，却一直没有很好的体系评价西瓜皮的耐裂性。传统的育种家采用感官评价，捏一把或者刀切一下，这种方法完全凭育种家的经验，育种效率低，无法解析果实耐裂机制，也很难打破"耐裂品种不优质"的桎梏。

把耐裂性状用一个数值标记出来，是张明方课题组这次研究的第一个亮点。他们通过质构仪选用不同形状的探头，测量了果皮硬度、破裂性、破裂率、破裂力做功等8个不同的评价指标。这些测量数据既涵盖了传统耐裂性判断的指标，更包含了很多传统方法无法测量的指标。"准确量化耐裂性状，精准定位耐裂基因，能为培育耐裂品种提供重要的理论支撑，具有重要的科学意义和应用前景。"

张明方介绍：果皮硬度对应的是西瓜在破裂瞬间受到的力；破裂

性指向机械稳定施压导致果实的主动破裂情况；破裂率则表现为以同样的力切西瓜，会形成的主动破裂周长。

根据这些前期指标，科研人员用耐裂性差异显著的西瓜进行杂交，并对 400 多个西瓜 F_2 代开展实验性状调查。科研人员在对 159 个随机样本进行单株测序后发现，所有耐裂相关指标都共同定位到西瓜的 10 号染色体上，而果皮硬度数据锚定的区域最为清晰精确。

在实验间隙，最有趣的还是一起吃西瓜。"大家都围着西瓜做研究，实验后就围着吃西瓜，评瓜品味，有些实验的灵感就是来自吃西瓜。"胡仲远说。

西瓜也有血型，这样的"瓜娃子"最好吃

在初步锁定 10 号染色体后，课题组创新了单株染色体片段来源分析方法，利用 F_2 个别在候选区域发生重组的个体以及它们的自交后代 F_3 群体，通过耐裂表型和基因型关联分析缩小候选区间，锁定关键基因。科研人员发现，该区域存在一个 ERF4 基因，是影响耐裂与否的重要因素。胡仲远表示："只用杂交第三代就能精确定位到基因，这是用传统基因定位方法无法做到的，得益于我们创新的表型评价体系和基因挖掘方法。"

在自然界的不同西瓜种质的 10 号染色体上，存在两种类型的等位基因 ERF4-a 和 ERF4-b，与本实验的耐裂亲本拥有相同的 ERF4-a 基因的西瓜基本都耐裂，而具有 ERF4-b 基因的则表现为容易开裂；兼而有之的杂合类型，则表现为果皮坚硬，果肉较松脆。张明方用"血型"给这些西瓜样本打了个比方：如果把耐裂的称为 A 型，那么不耐裂的就可比作 B 型，兼而有之的则是 AB 型。

由于找到了耐裂性功能基因，课题组很快研发出分子标记物，只

要用一点点叶片提取 DNA 进行分析，就可以很快地测试出西瓜属于哪个"血型"。在对已有的 104 个西瓜品种资源进行验证后，科研人员发现西瓜的"血型"可以很好地反映耐裂性。另外，张明方团队还对市面上销售的 30 余个不同的西瓜品种进行了检测，发现在设施栽培的西瓜品种中，有较多的"B 型"，而露地栽培的西瓜品种，基本上全是纯合的"A 型"或杂合的"AB 型"。

这是因为"B 型"西瓜的果皮容易开裂，在露地栽培中很容易受到雨水等不利因素的刺激而发生果实开裂，所以在长期育种过程中，"B 型"被逐步淘汰了。而在设施栽培条件下，避雨设施为西瓜提供了保护，不耐裂的西瓜也能较好地生长，育种家们在选育优质品种的过程中，不知不觉地把不耐裂的"B 型"保留了下来，而耐裂的纯合"A 型"由于常常"连锁"果肉较硬这一不良品质，就很少被保留在设施西瓜品种里了。

"从我们的日常经验中也可以发现，露天生长受到风吹雨打，西瓜品种的果皮必须更加坚韧。"胡仲远说，"事实上，在'AB 型'的品种里，更有可能发现既耐裂又清脆好吃的西瓜。"

那么是什么让"A 型"和"AB 型"西瓜更耐裂呢？

课题组继续开展研究，他们发现 ERF4 基因是乙烯信号途径的重要转录因子，从基因进化角度和结构特征判断，该基因很可能调控细胞壁木质素的生长和积累。"木质素就好像细胞壁的钢筋，形成铜墙铁壁，让细胞壁更坚固、更有韧性。"张明方说。

精准育种找到新方向

张明方介绍，功能基因的分子标记为育种筛选带来了新的可能。

此前，如果需要筛选品种，需要大量的人力、物力，栽培巨大的种群,进行大量的普查式的性状研究,而有了分子靶标,就可以先对各类品种资源进行苗期筛选,再选择带有目标基因的少量个体进行田间种植。

比如耐裂优质西瓜的选育,我们不再需要在每个世代开展耐裂性选择,只需选择出"A 型"或"AB 型"开展田间种植,再从中选育果肉品质佳又较耐裂的个体繁育后代。这样不仅可以减少每季的种植量,而且不用担心耐裂基因在育种过程中"丢失",获得目标品种的时间也将大大缩短。"将自然界已有的优质基因筛选出来,进而开发相关分子标记,可以大大提高育种的精度和速度。"

不断发掘抗逆、抗病、优质等相关功能基因,并利用分子标记辅助育种技术,将各种有益性状高效地集合到育种材料中,选育出田间—物流—餐桌"三全其美"的西瓜新品种,成为张明方团队西瓜精准育种的新方向。

本项目受国家西甜瓜产业技术体系、国家自然科学基金等项目支持。

（文：柯溢能）

第三篇

面向国家重大需求

超重力，给人全新的时空思维

南朝梁任昉的《述异记》里，有这样一个故事：王质在石室山中砍树，看到童子在下棋，看得入了迷，等到离开的时候才发现斧头柄都烂掉了。原来他在山上误入了仙境，在山上过了一天，世上却已经过了千年。沧海桑田，瞬息万变。在当下流行的影视剧里，时空变换的故事演变成了男女主人公从现代回到古代的时空"穿越"。

在现实的生活里，我们也许没法穿越时空笑看沧海桑田，不过在实验室里，模拟一眼万年、一步千里的时空压缩倒并非不可能。浙江大学建筑工程学院陈云敏院士牵头的国家重大科技基础设施项目——超重力离心模拟与实验装置，就是一个构建从瞬态到万年时间尺度、从原子级到千米级空间尺度、从常温常压到高温高压等多相介质运动的实验环境的"大家伙"。

这个总投入超 20 亿元人民币的设施是"十三五"时期优先建设的 10 项国家重大科技基础设施项目之一，也是在浙江省建设的首个国家重大科技基础设施项目。

"山中一日，世上千年"的神奇效应

地球表面的任何物体都受到地球重力的作用，即受到地球的引力和地球自转引起的惯性离心力的合力的作用。从被牛顿关注的那个苹果落地开始,人类对重力的研究就没有停止过。科学家们把地球上的重力场称作常重力场,$g \approx 9.8\text{m/s}^2$,大于 1 个 g 的叫作超重力。

超重力是怎样一种体验呢?神舟十一号航天员陈冬这样描述:"飞船上升时,重力加速度在 5.5 个 g,返回时在 4 个 g 左右,而我们训练时要达到 8 个 g。像我体重 70 公斤,就是 8 个 70 公斤压在我身上,要能顶得住。普通成年人能承受 4 个 g 已经很不错了,如果是 8 个 g,会压得胸痛,无法呼吸。"

显然,在超重力环境下,会发生我们平常看不到的神奇效应。首先,超重力增大了物质的体积力,能产生缩尺作用。举个例子,想知道 100 层楼高的房子对地基的影响,那么我们只需要造一层楼高的模型,在 100 个 g 的超重力作用下,就能模拟 100 层楼的效果。其次,超重力场加速了不同物质之间的相对运动的驱动力,从而产生缩时作用。比如超重力场下的爆气试验,超重力增大了气泡的运动速度,加速了相分离。

营造超重力场模拟常重力多相介质的物质运动过程,具有时空压缩、能量强化和加速相分离三种基本科学效应,能够提升人类观测常重力大时空尺度多相介质运动过程的能力,并且提供加速多相介质相间分离的极端物理条件。正是因为功能强大,超重力离心机被誉为地球上营造超重力环境的"革命性工具"。目前世界上离心机最大容量为 $1200g \cdot \text{t}$(重力加速度×吨)。

浙江大学牵头建设的超重力离心模拟与实验装置,是综合集成超重力离心机与力学激励、高压、高温等机载装置,将超重力场与极端环境叠加于一体的大型复杂科学实验设施。团队用设施英文名称(centrifugal hypergravity and interdisciplinary experiment facility)的首字母给它取了个名字，叫 CHIEF(chief 意为"首要的")，寓意着该项目成为超重力离心模拟与实验装置方面的翘楚，引领全球科学家深耕重大基础设施建设、深地深海资源开发与高性能材料研发。设施主要建设内容包括超重力离心机主机、超重力实验舱、超重力试验保障系统和配套设施。其中，两台超重力离心机主机，最大容量 1900 $g \cdot t$，最大离心速度达 1500 倍重力加速度，最大负载 32 吨。另外，还有边坡与高坝、岩土地震工程、深海工程、深地工程与环境、地质过程、材料制备共六座超重力实验舱。项目建设周期为 5 年，建成后，将填补我国超大容量超重力装置的空白，成为世界领先、应用范围最广的超重力多学科综合实验平台。

"CHIEF 可以为研究岩土体和地球深部物质的时空演变、加速物质相分离提供必不可少的实验手段，为国家重大科技任务开展、重大工程新技术研发和验证、物质前沿科学发展提供先进的试验平台和基础条件支撑，显著提升我国相关多学科领域的研究水平和国际竞争力。"陈云敏院士打了个比方，如果在超重力离心机上搭载污染物土中迁移实验装置，我们就可以看到污染物在地下大尺度、长历时的运移，可谓"山中方一日，世上已千年"。

总体而言，CHIEF 将超重力离心机能力从国内 $400g \cdot t$ 级、国际最大 $1200g \cdot t$ 突破至 $1900g \cdot t$，具备单次实验再现岩土体千米尺度演变与灾变、污染物万年历时迁移及获取千种材料成分的实验能力。

针对 CHIEF 的建设与运行，陈云敏院士希望全球顶级的研究力量一道参与。他说，实验装置将面向多用户、多领域开放，开展科学研究和国内外交流，"国家重大科技基础设施理应为我国乃至全球超重力前沿科学研究和相关领域技术发展提供有力保障"。

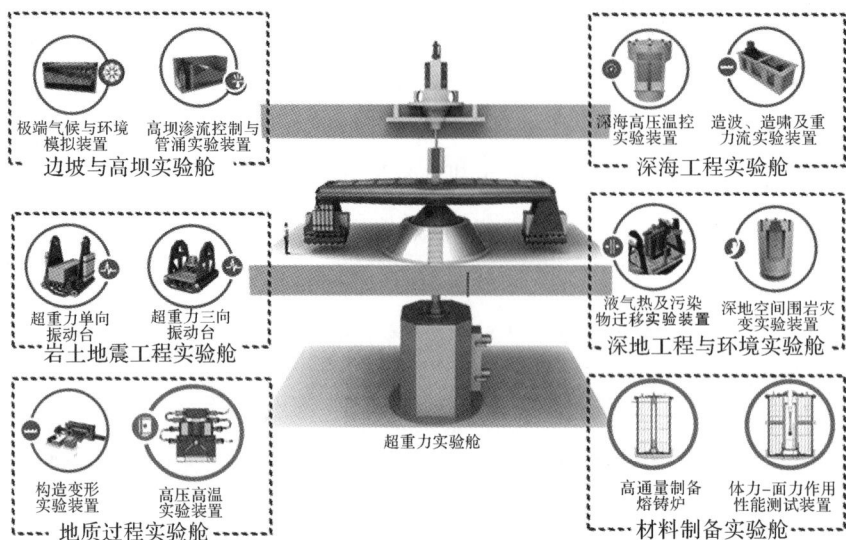

极端气候与环境模拟装置　高坝渗流控制与管涌实验装置
边坡与高坝实验舱

深海高压温控实验装置　造波、造啸及重力流实验装置
深海工程实验舱

超重力单向振动台　超重力三向振动台
岩土地震工程实验舱

液气热及污染物迁移实验装置　深地空间围岩灾变实验装置
深地工程与环境实验舱

构造变形实验装置　高压高温实验装置
地质过程实验舱

超重力实验舱

高通量制备熔铸炉　体力-面力作用性能测试装置
材料制备实验舱

超重力离心机和主要机载装置示意

六座超重力实验舱各显神通

科学目标达成的第一步就是要在地球上产生一个超重力场,这也是 CHIEF 的第一部分超重力离心模拟装置的使命。超重力离心机通过转臂高速旋转在实验舱内产生离心速度,舱内的物质就会受到离心力的影响。"当然也还是会受到重力加速度的作用,但是它与离心加速度相比非常小,可以忽略。"陈云敏院士解释。

对于这样一个装置,或许可以从童年记忆中找到意象——旋转飞机,一种绕垂直轴中心旋转的飞机类游乐设备。当旋转速度超过一定值就产生了离心力,反映到人身上就是呼吸困难等。

有了超重力场,科学家就能在里面开展各类实验了,而具体的实验场所就是 CHIEF 的 6 座超重力实验舱及 18 台机载装置。根据设计,科学家们可以全过程观测超重力环境下岩土体、地球深部物质、合金熔体等多相介质的物质运动；揭示岩土体大时空演变与成灾、地质过程演变与成岩成矿、合金熔体超重力凝固的机制，为重大基础设施建设、深地深海资源开发、高性能材料研发等提供基础支撑。

➢验证重大工程服役性能

我国正在形成越来越多的特大城市，正在规划建设一批大型水电站和核电站，重大工程建设规模居世界之首，许多新建重大工程在全球范围内未有先例，其服役性能与设计方案亟须实验验证。

○边坡与高坝实验舱

我国滑坡灾害频发，目前世界上仍没有公认的理论能够解释滑坡的高速、远程滑动过程。我国水力资源蕴藏量居世界第一，已建、在建和拟建高度超过 200 米的高坝占世界的 50%，而梯级高坝是我国黄河、金沙江、雅砻江等的水力资源开发的主要形式，它们的总落差达一两千米，总库容达数百亿立方米，一旦一座大坝溃坝，将造成多米诺效应的连溃，后果不堪设想。

我国一些重大工程尺度大且服役时间长，传统手段难以准确验证其有效性。因此，通过 CHIEF，利用"时空压缩"效应开展超重力实验，突破滑坡预警和治理技术发展的瓶颈，验证百米级高坝服役性能，为高烈度地震区的城市群规划及重大工程建设提供支撑。

○岩土地震工程实验舱

我国还是地震最活跃和地震灾害最严重的国家之一，场地岩土体是基岩地震向地面建筑物传播的媒介，地震动的场地效应、场地液化大变形和地震诱发滑坡等决定了建筑的震害程度。

CHIEF 中的岩土地震工程实验舱提供了大负载单向振动台、世界上首座超重力三向振动台，将为研究复杂场地地震动演变规律和岩土体致灾效应提供国际一流的研究平台。

❱❱增强我国地球科学和材料科学研究的原始创新能力

相分离是地球深部物质和合金熔体等多相介质物质运动的基本过程,超重力的相分离加速效应有助于发现其中的新现象和新规律。

○地质过程实验舱

地球内部物质的运移和演变是人类面对的科学难题之一,CHIEF为研究地球深部岩浆房中结晶率、地幔中矿物的重力分异作用、板块俯冲脱水过程等问题提供新的研究思路和方法,进一步加深人类对地球内部多圈层形成演化过程的认识。

地质过程实验舱负责人、中国科学院院士、浙江大学地球科学学院教授杨树锋表示,长期以来,科研人员对于地球深部的研究缺少有效手段。地质演化有两个特点:时间跨度可长达百万年,空间范围变化大到千公里。要想在地球深部进一步寻找矿产和油气资源,就必须深入地下。"CHIEF正好具有时空压缩效应,这为我们研究大时空跨度地质过程演变、寻找勘探矿产和油气资源提供了非常重要的手段。"

○材料制备实验舱

新材料是高端制造业的基础,关系产业发展和国家安全。高通量材料制备技术是当今研究的重点。利用超重力相分离加速效应,能够制备不同微区成分、相结构和组织的大尺寸块体高通量样品,从而发现高性能材料。

材料制备实验舱负责人、中国科学院院士、浙江大学材料科学与工程学院张泽教授表示:由于没有离心力机载高温装置,我们无法在原子尺度研究体积力对元素和缺陷的扩散行为,有了CHIEF之后,虽然原子之间的化学键很强,但材料中仍存在微观缺陷,加载离心力以后,重量或大小不同的原子在这些缺陷处可能呈现不同的扩散行为,导致不同的固态相变,帮助我们得到一些在现今面积力实验条件下得不到的性能数据。这个项目营造的高温-离心载荷动态耦合加载极端条件,对于材料学中液-固相变、固-固相变等基础科学问题的研究以及依赖材料发展的其他学科都有很大的促进作用。

⫸支撑我国能源和矿产资源开发向国际先进水平迈进

资源是全球经济社会发展面临的共同难题和挑战,目前千米深度以内浅层资源的勘探开发已逐步趋于极限,地球深部的资源勘探开发亟待发展。

○深海工程实验舱

深海天然气水合物资源被认为是一种储量巨大、21世纪最有潜力的替代能源。但是深海高压环境和复杂海床条件使得深海天然气水合物开采极为困难。超重力可以再现深海储层中天然气水合物的开采过程,模拟不同天然气水合物的开采方法,为天然气水合物高效开采和灾害控制提供重要的科学依据与实验支撑。

○深地工程与环境实验舱

深部资源开发、油气深地储存、二氧化碳地质封存和高放射性物质地质处置等成为我国能源地下开采、储备以及放射性废物深地处置设施建设过程中重要的科学研究方向。

"这些实验舱都是根据国内外现状及发展需求来确定的,特别是针对国家重大战略需求,我们召开了10余次专家论证会,经过了24位院士、上百位专家学者的论证。"陈云敏院士说。

"找茬"挖出48个问题

CHIEF的离心机容量世界最大,18台机载装置中有6台属于世界首创、12台技术指标国际领先,要做成这样一个"大家伙",必定困难重重,尤其是涉及48项关键技术。

陈云敏院士要求大家在正式开工之前把可能碰到的技术难题都提出来，团队所做的正是这样一个有点类似"找茬"的预研工作。他们挖出了建设过程中会应用的 48 项关键技术，也论证了项目从原理上是可行的。

很多人经常问陈云敏院士：项目何时开工？何时建成？他总是笑而不语。所谓"内行看门道"，业界有句话说：原理不行的，技术上肯定不行；原理行的，技术上不一定行。因此，关键技术难题要先从科学原理上解决，并在此基础上通过试验证明技术上是可行的。

一方面要国际领先，另一方面又要技术成熟。这个难度用陈云敏院士自己的话说："如果这个阶段没有发现问题，就会给今后的制造过程留下隐患，装置的目的可能就实现不了。只要有一个验收指标没有达到，整个项目就不能通过验收，想要调整都不可能。"确实，发现问题比解决问题更加重要，也更难。陈云敏院士让团队所有成员立下"军令状"，"谁没发现问题，谁负责"。

举个例子，要做一个装置，首先要有设计方案，里面会有各种各样的参数，这些参数不仅要通过数学推导出来，而且要经过试验论证是可行的。"如果我们希望手的推力有 100 公斤，就需要包括腿、腰等在内的身体其他部位来一起实现，腿和腰也要使出相应的力，这就需要我们设计各部分的技术参数；但即便各部分都达到要求了，组合起来可能还是会出现问题。参数取得太小，手的推力达不到；取得太大，腿就会很'粗'，造成其他问题。"

在超重力离心机主机的预研过程中，他们就发现了一个类似问题。

转轴下面有电机，带动转臂高速转动，产生离心力。但是在旋转的过程中，当达到临界转速时，系统会发生共振，产生的晃动会降低转速,可能就无法达到设计的极限值。这有点类似小时候玩的陀螺,一旦产生晃动后,旋转速度就会降低。陈云敏院士打了个比方:超重力离心机主机就好像一个挑着扁担转圈的人,如何让他不"晕头转向",就是在预研阶段要解决的难题。目前团队已经通过现有的ZJU400超重力离心机验证了这个问题。

边预研边出成果

自项目获批后的一年中,团队不断地小试、中试,提出难点问题,设计解决方案,验证方法和参数,"这是做工程的基本原则,用在工程上的设计方法和算法要通过试验验证过,才能使用"。

在预研的过程中,陈云敏团队做出了许多研究成果。其中的一个项目"高速铁路列车运行动力效应试验系统"入选2017年度"中国高等学校十大科技进展"。这个"在实验室里跑高铁"的项目,在可控条件下研究高速列车运行引起的线路路基动力效应,具有重要的科学意义和工程价值。

高铁轮子传过去的荷载首先传给轨道,再通过轨枕传给路面。在我国东南沿海深厚软土地区,高铁地基需要打入很深的桩才能控制住高铁的沉降,这个桩及上面的路基该怎么设计,才能控制沉降呢?陈云敏院士团队的边学成教授在超重力大科学装置中就专门负责超重力高铁加载装置的研发。他想到在轨枕上直接布置加力的装置。这个装置将列车运行荷载转化为作用于一系列轨枕上的垂向动荷载,通过精确控制相邻激振器的加载相位差实现列车轮轴高速移动对路基的加载。

整个试验系统由列车运行加载激振器阵列、加载控制系统、全比尺线路模型和测试系统组成。有了这个装置,列车行驶就像在轨枕上弹钢琴,每个轨枕就是钢琴的键,压得越快代表轮子移动越快,从而实现高速移动荷载的加载。他们的试验结果显示与实际荷载基本一致。

"CHIEF 研发出来可极大拓展我们的试验研究能力,做原来没法做的试验。当然难度也很高,需要我们多学科交叉共同发现问题、解决问题。"边学成说。

还有一项成果是关于近海工程研究的。海上大型构筑物往往受到不同方向的荷载。团队利用超重力场下的缩尺效应,研发了世界上首台超重力三向加载实验装置和国内首台超重力波浪模拟实验装置,能够模拟海上大型构筑物服役期间的波浪荷载和其他多向荷载,从而助力海上风力发电机等重大工程的设计和建造。"超重力设施这个项目就像是个大熔炉,我们一边预研,一边碰撞出新的火花。"建筑工程学院教授朱斌说。

项目还没正式开建,就已经成果迭出,这听上去很新鲜。陈云敏院士说,超重力的环境是全新的,可以让大家"脑洞"大开,不受以往教科书知识的束缚,"这样一个极端环境促使大家带着问题去思考,老师和学生的思维就非常活跃"。

当然预研只是万里长征的头几步。下一阶段,团队将对每台机载装置各个子系统的参数进行验证。

好奇心驱动下的创新研究

在报批过程中,项目得到了各方的大力支持。

教育部和浙江省政府建立了省部协同机制,共同指导、协调设施建设。时任浙江省委书记车俊、省长袁家军、常务副省长冯飞高度重视设施项目。浙江大学成立了以党委书记、校长为双组长的建设领导小组及以常务副校长为总指挥的项目建设指挥部。指挥部下设指挥部办公室,作为项目建设的管理主体。学校成立浙江大学超重力研究中心,作为项目科学研究和技术攻关的主体,中心组建了以 10 名院士为核心的科学与技术队伍,陈云敏院士任项目首席科学家。这其中的很多体制机制,都是在不断研讨的过程中一步步形成创新举措,成为建设国家重大科技基础设施项目的"浙大模式"。

"大科学装置不是造大楼。"这是陈云敏院士常说的话。他说:大楼是为大科学装置服务,为装置运行提供环境,各方面要求都非常高。然而刚开始想找地方给这个大科学装置安个家,却吃了"闭门羹"。

这也不奇怪,随着城市的不断发展,杭州也可谓是寸土寸金。兜兜转转之后,杭州市余杭区政府出面解决了问题,拿出了 89 亩用地,在科学研究与经济发展之间选择了前者。

"余杭区正在打造成全面创新创业的引领区、策源地,我们希望能够通过校地合作,引进一流的科创项目和人才。"余杭区常务副区长陈夏林说,区政府是看到了基础研究的内在张力,因为大科学装置的建设项目会汇聚一批高科技人才,能为余杭区的科学含金量添不少分,而余杭区现有的科技氛围也能为今后团队依托大科学装置开展研究提供帮助,"余杭区会全力服务保障好大科学装置建设项目"。

大科学装置的研制,处处充满了创新,不像标准化仪器那样有据可依,一切都需要重新摸索。

陈云敏院士说:当初提出这个想法,也是出于对科学的好奇,"我是一个好奇心比较足的人。在浙大的学习时光,让我感悟到自然和科学之美,激起了我出于好奇心而产生的求知欲。科学家最大的内动力就是好奇心,超重力离心模拟与实验装置刚好可以验证我对于这方面的一些疑问"。

在团队成员眼中,CHIEF 就是一个科学被好奇心驱动的地方。为了同样的好奇心,不论是院士,还是青年科研人员,都常常碰撞交流，一讨论就到凌晨两三点钟。"团队里的几位院士，张泽、杨树锋、杨华勇，每一次论证会都抽出时间参加，讨论起来都非常投入。"

以问题为导向，是团队的一大研究特色。在这里，不同学科和领域都是基于超重力增大多相介质体积力和加快相分离的基本科学原理而汇聚到了一起，使得项目具有促进小学科之间、相邻学科之间甚至不同大学科之间的相互交叉和融合的天然优势，为产生新思想、新方法，开辟新领域和建立新学科创造良好的环境。

在团队招聘时，陈云敏院士必问的一个问题就是"是否对科学有兴趣"，在他看来，兴趣和好奇心是激发研究热情、撬动地球杠杆的支点。他们也确实招到了一批从名牌大学走出的年轻人，多学科交叉的工程学科给了这些年轻人很大的平台。

"放手支持他们去创新，完全可以做到一流。"陈云敏院士很有信心。

陈云敏院士准备建立一个研究院，在培养学生的同时，把超重力基础研究中的科学新发现转变成技术，然后产业化。

（文：吴雅兰、柯溢能、金云云）

垄断下的突围：做百姓用得上、用得好、用得起的好药

俗话说"十人九胃"，肠胃方面存在问题似乎已经成为现代人的"通病"。而在消化系统疾病中，胃酸相关性疾病发病率居于首位，我国仅消化性溃疡和胃食管反流病患者就超过 2.1 亿。泮托拉唑钠是目前临床用量最大、疗效最好的治疗药物之一。然而，泮托拉唑钠在很长一段时间内由国际制药巨头研发并垄断。

浙江大学药学院胡富强教授团队联合杭州中美华东制药有限公司、浙江省食品药品检验研究院等单位,通过协同创新与产学研合作,十数年"磨一剑",攻克诸多技术难题,实现泮托拉唑钠原料药、肠溶微丸胶囊、注射剂产业化,打破国外技术壁垒与市场垄断。产品质量好,抑酸疗效高,用药安全,价格远低于同类进口产品,经济和社会效益显著。2019年1月,该团队的"泮托拉唑钠及制剂关键技术研究与产业化"项目荣获国家科学技术进步奖二等奖。

打响"突围战",品质升级后发制人

生产泮托拉唑钠有何难点?原来,泮托拉唑钠非常容易氧化,遇热、遇酸易分解,杂质不可控,这会直接影响药品生产、质量控制与用药安全。而实现药品产业化,对技术工艺有着很高的要求。

国外原研药物尽管"先发制人",但由于泮托拉唑钠呈多晶型,疗效差异大,易转晶失效,做好产业化提升依然道阻且长。为此,团队独创了重结晶和析晶新技术,通过对多种不同水合物晶型进行筛选,开发出了稳定、有效的单水合物新晶型,并实现工业化生产,产品稳定性和抑酸率明显提高。

团队并未止步于此,为了将药物更精准地递送到其特有的抑酸作用深处位点,需要通过肠溶迟释技术,防止药物通过胃时被胃酸破坏,经过十二指肠后再快速释放,从而增加药物的利用效率,提高疗效,减少毒副作用。团队经过多年努力,攻克了肠溶胶囊迟释难题。

"泮托拉唑钠的药理作用是抑制胃酸分泌,用药后会升高胃肠道的pH值,肠溶制剂易溶出失控。"团队负责人回忆起当时的情景感慨道,"要想把药物的释放控制在通过十二指肠后,使药物能渗透进入深处的质子泵分子作用位点,这个还真不容易实现。人们常说'台上十分钟，台下十年功'，的确如此。"

通过一次次的尝试、失败、再尝试，团队成功发明了具有自主知识产权的增塑剂高分散性微丸包衣新技术，突破了微丸水性包衣的衣膜结构致密性难题，为同类产品的研发提供了成功经验。

教育部组织院士、专家对"泮托拉唑钠及制剂关键技术研究与产业化"项目进行鉴定时，鉴定委员会这样评价道："该成果总体居国际先进水平，其中产品的杂质控制和胶囊剂的水分散体包衣等技术处于国际领先水平。"

拧紧"安全阀"，让百姓用上放心药

用药安全是老百姓最为关心的话题之一。该项目另一处于国际领先水平的技术——杂质分离检测新技术，与用药安全息息相关。

根据 ICH（国际人用药品注册技术协调会）及 NMPA（国家药品监督管理局）相关指导原则规定，应分离并单独限定泮托拉唑钠的杂质。然而，杂质 D 和杂质 F 是泮托拉唑钠中存在的一对同分异构体杂质，要分离检测结构相近的两者极为困难，国内外药典均未能将其分离并单独限定。因此，杂质 D 和杂质 F 的分离控制对泮托拉唑钠的安全用药具有重要意义。

该项目采用特异性杂质分离检测双系统新方法，成功实现了杂质 D 和杂质 F 的分离检测和单独限定，并应用于生产，为提高质控标准提供了核心技术支撑。

药物在低 pH 值条件下不稳定，与输液合用，易配伍失稳，产生杂质，用药安全性难以保障。针对这一情况，团队还发明了协同抗氧注射剂新处方，并采用晶粒控制冻干新工艺，药物呈大颗粒结晶，使杂质含量大幅下降。注射剂稳定性的提高，以及已知杂质的全部分离检测

和单独限定,使用药安全性获得显著提升。注射剂新标准获得NMPA许可,应用于实际生产,产品质量好、安全性高。

其实,在该项目的原料药和两款制剂的技术探索过程中,该项目团队一直在与药物分子的易氧化"做斗争",这是质子泵抑制剂生产面临的行业共性问题。项目采用优选的氧化控制新工艺,使原料药的杂质含量明显下降,收率大幅提高。同样,在微丸制造过程中,通过发明丸芯抗氧新处方和黏合剂抗氧新工艺,成功实现了肠溶微丸热稳定生产,不仅生产周期更短、成本更低、质量更好,还节能减排,获得两项国家授权发明专利。

"要做百姓用得上、用得好、用得起的好药。患者的心愿就是我们科学研究的方向和动力。"团队负责人胡富强这样说道。

打好"组合拳",引领行业价值重大

实现重大技术突破,引领行业技术进步,创造重要的社会经济效益,"泮托拉唑钠及制剂关键技术研究与产业化"项目是一个成功典范。

泮托拉唑钠系列产品的产业化关键技术创新,打破了国外专利封锁和市场垄断,构建了完备的原料药和肠溶制剂、注射剂产业化成套技术和知识产权保护体系。其整体技术达到了国际先进水平,部分技术达到了国际领先水平,具备了在高端技术上竞争的实力。

凭借自身技术"硬实力",该项目逐渐获得国内外的认可。目前,项目已获得国家授权发明专利五项、新药证书三份,成为原料药及其制剂三个品种的《中国药典》国家标准唯一起草单位。2017年,泮托拉唑钠原料药、注射剂生产通过美国FDA认证。

项目成果在杭州中美华东制药有限公司等企业中得以应用,产品质量稳定。几年来，建成了全国最大的第三代质子泵抑制剂生产基地，产品销售至全国数千家医院，以质优的产品、合理的价格赢得了市场，国内市场占有率居全国前列。相关产品自上市以来，显著降低了治疗费用，惠及广大消化性疾病患者，项目实施单位仅替代原研进口部分的价格差，就累计为政府和患者节约医保支出和医疗费用 80 余亿元。

项目形成的原料药杂质控制核心技术，已应用于其他质子泵抑制剂产品生产，并出口欧美。共性关键技术的行业推广应用，对于同类产品工业化生产的节能减排，提高产品质量，保证人民群众用药安全，提高技术应用企业的国际竞争力具有重要意义。

团队负责人胡富强表示："未来，我们将进一步思考如何将基础研究与新药研发、产业发展更好地结合起来。针对临床治疗和医药行业中存在的重大问题，提出我们的解决方案，贡献我们的智慧。"

（文：金云云，摄影：卢绍庆）

人类首次打卡月球背面，这只"眼睛"由浙大团队研制

2019 年 1 月 3 日 10 时 26 分，嫦娥四号探测器成功在月球背面着陆，这是人类探测器首次在月球背面软着陆。

这个时候，北京航天飞控中心爆发出了雷鸣般的掌声。

而在现场的浙江大学光电科学与工程学院教授徐之海却不敢鼓掌，因为大屏幕上还没显示出嫦娥四号着陆的实拍画面。

这个画面，按预定计划，由嫦娥四号探测器搭载的降落相机的光学镜头拍摄。这个镜头，由徐之海团队研制。

"由于信号传递有延时，嫦娥四号降落到月球背面的照片，过了一会儿才传回来，这时，我怦怦跳的心才平静下来。"这张照片，也就是《新闻联播》中播放的嫦娥四号降落月球的第一眼画面。

在嫦娥四号降落过程中，降落相机的光学镜头是嫦娥四号观看月球的"眼睛"。这只"眼睛"能帮助嫦娥四号判断月球表面的地貌情况，避开那些"危险地带"，选择安全的着陆位置。

徐之海说，月球表面有很多斜坡和陨石坑，嫦娥四号要想在月球的"刀山火海"中平稳着陆，这只"眼睛"作用巨大。

左图为嫦娥四号中继星双分辨率相机，右图为嫦娥四号降落相机的光学镜头

　　为了保护好这只"眼睛"，使它能在太空中正常地工作，徐之海团队做了不少努力。

　　徐之海说，太空环境中充斥着各种辐射，所以"眼睛"的镜片采用的是防辐射玻璃；它的镜筒是由钛合金制作的，钛合金是一种高强度、高刚度的轻质金属材料，同时它具有和玻璃相似的热膨胀率——这保证了在太空极端环境下，"眼睛"的高清晰成像质量。

　　除此之外，因为在地面组装的镜头内部会有空气，进入到太空的真空环境中，镜头里面的空气会和外部环境形成压差造成变形，导致像质下降，甚至破坏。为此，徐之海团队在镜头上专门设计了透气孔，使镜头的内外部环境达到平衡，保证可靠性。

　　除了降落相机，徐之海团队还为"鹊桥"号中继星研发了光学相机系统。"鹊桥"号中继星是世界上首颗运行于地月拉格朗日 L2 点的通信卫星。它为嫦娥四号的着陆器和月球车提供地月中继通信支持，该相机系统也是"鹊桥"号中继星上唯一的相机系统。

　　"这套光学相机系统由三部分组成——双分辨率相机、天线监视相机、相机控制器，"徐之海说，"这套相机系统不到 3 公斤重，相比于此前其他方案中 15 公斤的相机系统，为搭载其他有效载荷省出了不少配重。”

天线监视相机是非常重要的另一只"眼睛"。它可以看到"鹊桥"号中继星天线的展开状态，而天线能否正常工作决定着嫦娥四号与地面能否顺利通信。

双分辨率相机也是具有挑战性的一个部分，它的概念由徐之海团队提出。

由于在太空中存在"冷焊"现象（空间环境中精密配合的运动部件黏结在一起），变焦镜头至今无法在星载环境中可靠应用。

为满足在太空环境下一个相机同时实现高分辨率和大视场成像的需求，又要避免使用变焦镜头的难题，徐之海团队创造性地提出双分辨率相机的设计理念，通过一次成像得到两张照片，实现了"大场景"与"大特写"的同时成像。

这个相机还首次从拉格朗日 L2 点拍摄了"地月合影"，从这个位置望过去，地球是月球的约一半大小。

徐之海说，"鹊桥"号中继星所处的地月拉格朗日 L2 点是地球和月球的引力平衡点，因此，"鹊桥"号只需很少的能量便能在此长时间运转。

（文：柯溢能、刘苏蒙、王湛）

"在互联网上铺盲道"，浙大牵头制定互联网信息无障碍领域首个"国标"

2019 年 3 月 1 日起,我国《信息技术　互联网内容无障碍可访问性技术要求与测试方法》(GB/T 37668－2019)正式实施,这是互联网信息无障碍领域的第一个国家标准,或将有 1700 多万视障人士直接受益。

据介绍,这个国家标准的发布与实施,将有效帮助包括视障人士在内的特殊人士在日常生活中像健全人一样享受互联网技术,被誉为"在互联网上铺盲道"。

互联网内容的无障碍可访问性是指互联网的所有内容让任何人在任何情况下都能平等、方便地理解、交互和利用,从而达到所有人都能共享信息技术发展成果的目的。因此,在标准制定过程中,应充分考虑如何方便各类特殊人群接入信息网络,从而使特殊人群能在各种操作环境下访问互联网内容。

该国家标准主要包括可感知性、可操作性、可理解性、兼容性四大方面,共计 58 项指标规范,是任何人访问互联网内容的必要基础。在制定过程中,该国标与全球普遍采用的 W3C 的 Web 内容无障碍国际标准 WCAG 2.1同步制定,且保持了最大程度的兼容。同时,根据我国移动互联网发展的现状,增加了对移动应用的相关技术要求。特别是增加了每项技术要求的测试方法,弥补了国际标准在测试方法上的缺失和不足,大大提升了标准的可实施性。

据第一起草人、中国残疾人信息和无障碍技术研究中心副主任、浙江大学卜佳俊教授介绍,在标准的制定过程中,标准制定团队特别关注不断涌现的如移动端网页显示、App 交互、HTML5 等互联网新技术给信息无障碍建设带来的新问题,通过向国内各大互联网公司、国际标准化组织、用户代表(特别是视障人士代表、听障人士代表)与技术专家的多轮意见征集及长时间的技术论证,最终完成了标准的研制工作。

调研数据显示,视障人士平时都是通过电脑和智能手机上网的,现有的手机和电脑均可安装比较完善的读屏软件供用户使用。但是,国内互联网的无障碍建设还存着相当多的问题,在视障人士实际使用中,手机端和电脑端读屏软件经常会遇到一些无法朗读或未命名的标签,还有如图片验证码的问题,直接导致了大量视障用户无法登录并进行后续的一系列操作。此外,听障人士同样会面临信息获取受阻的问题,大量的互联网视频因为缺乏字幕、手语等信息,使听觉通道信息和其他通道转换过来的信息无法准确、同步地传输给听障人士。

该国家标准的发布,将有助于解决标准缺失所导致的现阶段互联网产品与服务中普遍存在的问题。该标准在制定过程中充分考虑了用户需求,企业在遵循该标准进行产品研发的过程中可以有效避免产品设计与需求脱节等问题。

当然,从技术角度看,特殊人士浏览互联网内容仍面临较多技术难题,主要包括:

1.互联网内容如何被特殊人士感知和理解,即要求各种类型的多媒体信息都能通过听觉通道被视障人士获取(如将图片内容念出来给视障用户听),或通过视觉通道被听障人士获取(如语音新闻添加手语播报)等。

2.互联网内容如何在单一通道有效融合和传输,即如何将原有通道信息和其他通道转换过来的信息准确、同步地传输给特殊人士,如无障碍电影(视障人士"看"电影)需要在播放电影原声的同时播放旁白(视频信息的解释和说明语音),且两路声音不能产生混淆。

3.互联网内容如何与特殊人士有效交互,即如何在信息通道缺失的情况下让特殊人士完成信息交互,如视障人士通过语音对答实现在线购物等。

卜佳俊对未来发展充满信心,他认为,随着科技的发展,社会将产生数量更多、种类更繁杂的信息服务,从视觉、听觉、体感等多方位提升服务质量。未来的人工智能技术,应该可以从多方位解决各类信息资源难以被特殊人士感知的问题,通过更好的信息转换、信息聚焦等手段,并进一步提升计算性能,从而帮助特殊人士高效、精准地从互联网上获取所需要的信息。

"特殊人士面对信息内容时的困难并不能简单靠标准解决,还需要完善的法律法规、方针政策、信息技术、公众认知等多方面系统协同,才有可能得到最终的解决。"卜佳俊建议以"法律法规+方针政策+标准规范"的推进运作模式护航互联网"盲道"。

(文:柯溢能)

不打农药的番茄未来或成可能

番茄是世界上第一大蔬菜作物。番茄在整个生长周期面临各种病虫害的侵袭，会严重阻碍其生长和经济性状。浙江大学农业与生物技术学院汪俏梅教授课题组与中国科学院遗传与发育生物学研究所李传友教授实验室等单位合作，在番茄中找到了一个新"刹车"机制，揭示茉莉酸调控植物生长和抗性途径的新机制。

这项研究由知名期刊《植物细胞》(*The Plant Cell*)在线报道。期刊编委在述评中说：该成果提供了一种用于操纵作物生长和防御平衡的策略，在作物可持续生产中有重要的理论意义和潜在的应用价值。

抗性是植物抵抗逆境的重要方式。这是因为植物不能移动，各种逆境来临时无法逃跑，只能产生抵御侵害的自我保护。

那么，番茄是如何"逆来顺受"的呢？

在应对病虫害过程中，植物会产生一类激素——茉莉酸。这类防卫激素能帮助植物应对病虫害，提高植物抗性，一般通过碱性螺旋-环-螺旋(bHLH)转录因子 MYC2 启动，并级联放大茉莉酸信号转导途径，从而防御病虫侵害。

然而作物生长的养分是有限的，当资源过于集中到抵御"战争"中时，用于个体发展的养分就会减少，进而抑制植物的生长和发育。

而科研人员对这个存在于植物当中的消减信号的研究一直不够深入。

MYC2 是茉莉酸诱导的信号通路中的重要开关，通过 MYC2 可以激发番茄信号通道下游，并产生植物抗性，开启对外界的防御。该研究首次在番茄中鉴定出一类受茉莉酸诱导的 bHLH 蛋白，被称作 MYC2 靶向的 MTB（MYC2-TARGETED BHLH）。

这一类 MTB 可以通过竞争性结合降低 MYC2 对靶标基因启动子 DNA 的结合，从而抑制 MYC2 靶标基因的表达。也就是说，MTB 因子可以抑制 MYC2 对防御通路的启动，科学家找到了防御"开关"的刹车机制。

基于抗性与生长总是在"此消彼长"中影响作物生长，因此研究人员设想：如果放大刹车机制的作用，番茄是否会健康成长呢？

于是实验继续，科学家通过利用 CRISPR/Cas9 基因编辑系统，对 MTB 基因进行编辑，并获得多个功能缺失突变体进行生测，也就是让咀嚼式口器昆虫取食番茄叶片，经过观察，发现昆虫长大变慢，而植株生长过程却保持正常。

汪俏梅表示，该研究不仅深化了对植物茉莉酸介导的防御反应调控机制的理解，还构建了抗虫能力提高而生长发育不受影响的番茄株系，在分子育种和抗虫新品种选育上有潜在应用前景。

那么，虫子为什么不爱吃关闭了茉莉酸途径"刹车"开关的番茄植株呢？汪俏梅解释，这是因为 MTB 蛋白被抑制后，转录因子 MYC2 激活的茉莉酸防御途径增强，产生使昆虫吃后消化不良的酶类，扰乱昆虫生长。

农业与生物技术学院蔬菜研究所博士生刘圆圆是该论文的第一

作者，她以联合培养博士生身份在中国科学院遗传与发育生物学研究所李传友实验室从事研究，李传友是浙江大学的兼职博导。

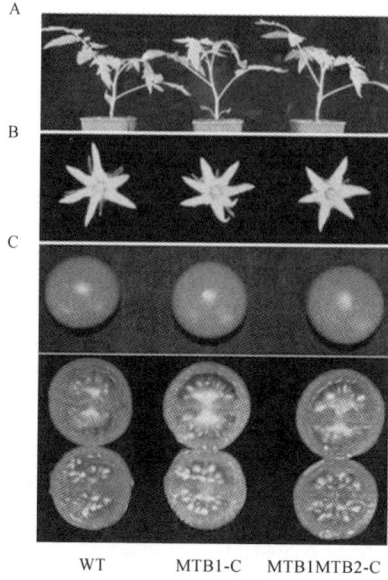

WT MTB1-C MTB1MTB2-C

（文：柯溢能）

植物"登陆"的新机理

植物从水生到陆生的跨越是地球生命进化中重要的里程碑之一，相较于在水中生活，陆地生物最显著的变化就是面临更多的干旱胁迫。如何应对干旱，这是当前农业及植物科学研究的重要命题。

由此，浙江大学农业与生物技术学院张国平教授团队的陈仲华教授课题组，与来自澳大利亚、美国、英国、以色列、加拿大和德国的 27 位科研人员联合攻关，提出并验证了关于植物如何在 4.5 亿年前由水生向陆生过渡的新理论，提出了叶绿体逆行信号通路 SAL1-PAP 的起源和进化的新观点。该发现加深了对植物耐旱性进化及适应气候变化的理解，为作物耐旱育种和栽培提供了新思路。

这项研究成果被知名期刊《美国国家科学院院刊》(PNAS)报道。浙江大学农业与生物技术学院博士赵晨晨和王媛媛为共同第一作者，陈仲华教授为主要通讯作者。

叶绿体逆行信号网络是协调植物监测和响应干旱的预警系统之一，而且在之前的研究中被认为是陆地植物才有的特性。当植物感应到干旱时，该网络能调控逆行信号蛋白以激活防御措施。

陈仲华所在的联合研究组分析了已发表基因组的 31 种陆生植物

和藻类的 61 个与叶绿体逆行信号等相关的蛋白家族，通过基因组序列分析和实验验证，他们在陆地植物的藻类祖先、最早登陆的淡水链型绿藻（轮藻和链丝藻）中发现具有相近的能够使植物迅速应对干旱胁迫的遗传特征。陈仲华介绍，这个发现让他们找到了叶绿体逆行信号网络的起源。

植物生长的过程中，质体基因组和细胞核基因组相互协调维持生物体的发育和功能，该研究中相关分析和实验结果表明这种分子机制起源于链型绿藻，之后保留在大部分的陆地植物中。

气孔是植物与外界交换的重要开关，当植物处于干旱环境时，气孔会控制植物体和外界的水分与二氧化碳交换，进而减少干旱对植物的影响。陈仲华课题组在对叶绿体逆行信号网络的进一步研究中，对这条通路如何影响气孔开关做了详细的研究。"大多数陆生植物，例如苔藓、蕨类、农作物和其他开花植物都存在相似的逆行信号通路，而且该信号通路对陆生植物气孔关闭的调控亦非常保守。"陈仲华介绍，通过基因编辑等分子生物学方法调控该通路上的相关基因，将是耐旱育种的一种新途径。

该研究提出 SAL1-PAP 在陆地植物中的保守性可能与 PAP 对气孔的调节有关。当植物感受到外界干旱环境后，PAP 的磷酸酶 SAL 活性被抑制，从而使 PAP 得到积累并被运输到细胞核中。自此，从链型绿藻保留下来的逆行信号通路和脱落酸信号通路结合，调节保卫细胞中的离子转运和气孔关闭。

张国平介绍，过去对水生和陆生的植物差异性研究多是通过组织结构角度开展，而这次课题组的研究通过大数据的材料研究，对关键基因的对比分析让人类对陆生植物进化有了更精准的认知。

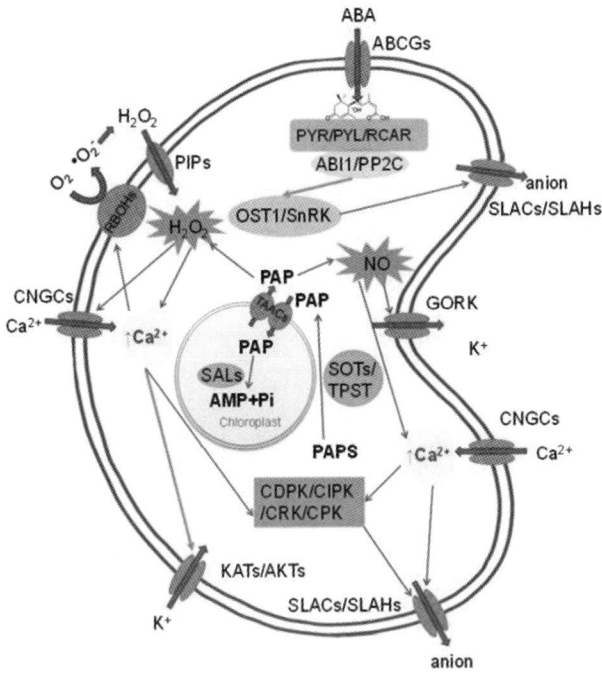

逆行信号通路机制

这项研究得到中国国家自然科学基金委员会、澳大利亚研究理事会和英国生物技术与生物科学研究理事会等国内外多家单位的资助。

（文：柯溢能）

质与量，棉花的"鱼与熊掌"未来或可兼得

棉花是世界最大的纤维作物和纺织工业原料。棉纺织品具有优越的透气性、舒适性、保暖性，深受人们的喜爱。目前被人类驯化的四倍体棉花有陆地棉和海岛棉。陆地棉产量高，纤维好，适应性广，产量占世界棉花总产量的90％以上。纤维长、强、细，光滑有色泽的海岛棉又称长绒棉，是国际奢侈品的主要纺织材料，产量低，仅能在我国新疆及埃及、美国亚利桑那州等少数干旱地区种植，因此价格昂贵。

科研人员一直努力想把两者"鱼与熊掌"的优势综合起来，培育出既高产、适应性广，同时纤维更长、更强、更细的棉花品种，而这需要我们对陆地棉和海岛棉在产量、品质和适应性差异形成的遗传基础上有更深入的了解。

《自然遗传学》（*Nature Genetics*）杂志在线发表了浙江大学农学院张天真教授牵头的一个国际团队完成的研究论文。这项研究发现了陆地棉与海岛棉的起源和种间分化的遗传机制，揭示了陆地棉广适性、长绒海岛棉优质的遗传基础。胡艳副教授、陈杰丹、马卫、博士后张志远、方磊副教授为论文共同第一作者，张天真教授为通讯作者。

海岛棉的"长绒"来自多出十天的"青春期"

基因测序已经是当前研究领域的重要手段,张天真团队利用了以色列 NRGene 公司的 DeNovoMAGIC 组装技术,结合 BioNano 光学图谱、超高密度遗传图谱、Hi-C 等辅助技术,组装出陆地棉遗传标准系 TM-1 和我国自育的海岛棉品种 Hai7124 染色体水平基因组,基因组完整性高有利于实验的开展。

科研人员在对海陆基因组比较分析后发现,特异基因表达、扩增和染色体结构变异是海陆驯化后分化的主要原因。其中纤维发育期间,膜转运、糖合成、碳水化合物代谢通路等相关基因海陆差异富集,蔗糖转运、离子转运、液泡转化酶、液泡中渗透物质调节等调控细胞伸长相关基因在海岛棉纤维发育中的表达持续时间远长于陆地棉,是长绒"奢侈棉"产生的主要原因。

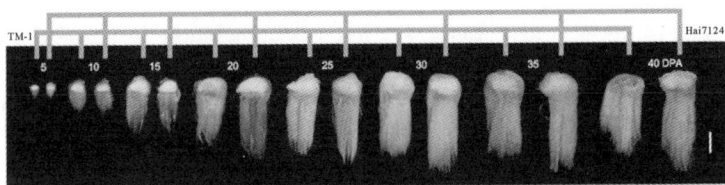

开花后 0 天、10 天、15 天、20 天、25 天、30 天、35 天、40 天,TM-1(陆地棉)和 Hai7124(海岛棉)胚珠上纤维在不同发育时期的动态变化

"简单来说,我们发现海岛棉的长绒来自更长的青春期。陆地棉一般长 15 天停下来,但是海岛棉生长时间在 25 天左右,研究中我们从基因层面找到了具体原因。"张天真说。

陆地棉的"不娇气"源自不惧冷热

陆地棉与海岛棉另一个区别在于对成长环境的要求,已有的研究中,科研人员已经发现陆地棉苗期耐低温还耐高温。这次,科研人员在对基因图谱的分析中发现对冷热不敏感的基因。

陆地棉中有更多的乙烯、ABA 信号调控的基因被激活,调控对冷、热等逆境响应,这可能与陆地棉的广适性密切相关。A01 染色体陆地棉大片段序列的渐渗分析发现,确实存在中亚型或新疆型海岛棉。

张天真介绍,从基因层面找到海岛棉与陆地棉的差异,对未来培育高产、纤维优良、适应性强的棉花新品种提供了有力的理论支持。

这项成果得到了国家重点研发计划、国家自然科学基金、浙江大学优势学科和溢达集团等的大力支持。南京农业大学、基诺信息科技(深圳)有限公司、以色列 NRGene、澳大利亚纽卡斯尔大学、美国农业部南方研究中心、巴基斯坦国家生物技术和遗传改良研究中心、福建农林大学、中科院上海植物生理生态研究所等国内外多家科研机构参与了本项目的研究。

（文：柯溢能）

超声超材料＋平面波造影：一种新型穿颅超声脑成像技术

　　现代医学超声设备是通过分析由身体反射的回波信号来判断人体组织结构和血流情况。相较 CT 与核磁共振成像，超声成像的优势在于实时、无损、低价，且能在术中使用。然而长久以来，超声对颅脑成像一直是个"禁区"：由于颅骨具有高密度特性，对超声具有极强的衰减和畸变效应，因此常规的超声很难检测到由颅脑反射的回波信息。

　　提高现代超声设备的穿透性能，是超声颅脑成像的关键性难题，也是浙江大学生物医学工程与仪器科学学院郑音飞副教授课题组的研究方向之一。他们创新性地提出一种基于超声超材料和平面波造影相结合的新型脑成像技术——穿颅超声脑成像。这一成像技术结合了声学等互补介质理论和波束合成逆问题框架，实现了小鼠脑部的高分辨率组织及血流成像。

研究人员了解到，在保证人体不受超声频段损害的前提下，利用超声穿透颅骨是一种挑战物理极限的思维：因声阻抗失配而在颅骨界面处形成的巨大势垒，使得声波的大部分能量都被颅骨反射。郑音飞课题组配合浙江大学材料科学与工程学院吴勇军教授课题组研制的超材料进行颅脑成像，超材料从结构上使得弹性共振回来的超声重新被压回颅骨，仿佛给超声穿上了一件"隐形衣"，从而也就将声波的反射控制到了最低。

科研人员还从能量密度角度出发来分析超材料的作用。超材料本身具有负向等效参数，会形成负向能量"坑"，声波在这个"坑"里"积聚"能量，进而"翻越"颅骨的高势垒，成功进入颅内。郑音飞介绍，这就类似于骑自行车爬坡，从平坦的路面直接攀爬陡峭的上坡比较困难，但如果在爬坡前有一个下坡的加速度，再次爬坡就变得容易了。超材料的使用，使得被颅骨反射的大部分能量（约占总能量的70%）在理论上降低到0。

解决了超声波"进入"颅脑的难题，接下来就是"出来"成像的问题了。

结合平面波成像和新型纳米粒造影成像技术，课题组突破性地提出利用平面波造影成像方法，显著提高了图像的分辨率和灵敏度。换能器发射平面波，一次发射即可得到整个成像区域的信息，这不仅提升了回波信号的数据量，而且还实现了脑部高分辨率、高灵敏度成像。

针对脑部血管丰富且血流回波微弱的特征,课题组选用了新型纳米粒造影剂增强回波信号,通过设计优化纳米粒溶液浓度、造影剂注射速度等参量,提升了脑血流的回波能量信号。

郑音飞表示,利用超声超材料结合平面波造影成像技术,实现的小鼠脑部超声超高分辨率成像,使得人类颅脑超声成像成为一种可能,进而为人类颅脑成像提供了一个新的方向。

这项研究得到"十三五"国家重点研发项目资助。

(文:柯溢能,摄影:卢绍庆)

世界首例胚培养百山祖冷杉幼苗回归大自然

浙江大学科学家团队经过近一年的技术攻关，在之前成功繁育世界首例胚培养百山祖冷杉幼苗的基础上，又成功实现了三株人工繁育百山祖冷杉幼苗回归原生地——位于浙江省庆元县的百山祖国家级自然保护区。此举为百山祖冷杉摆脱极度濒危状态创造了条件，标志着百山祖冷杉人工繁育的研究工作将进入新的阶段。

百山祖冷杉，是我国特有的古老孑遗植物，素有"植物界大熊猫"

之称。目前，全球仅有三棵成年野生植株，分布于浙江省庆元县海拔1700多米的山林中。百山祖冷杉不仅生物学特征独特，而且在研究植物区系和气候变化的影响等方面具有极高的学术价值，为世界瞩目的濒危野生植物资源。

为实现百山祖冷杉无菌试管苗的野外回归，扩大原生地种群数量，浙江大学农业与生物技术学院陈利萍教授课题组开展了大量的研究工作。其中最为重要的突破就是无菌试管苗人工基质栽培的研究。在自然生长条件下，百山祖冷杉的水分和营养物质依赖根系与真菌共生形成的菌根。为了使无菌试管苗能够顺利地回归大自然，课题组通过多次试验，成功地建立幼苗基质栽培体系。浙江大学农业与生物技术学院硕士研究生王挺进介绍，幼苗仅经过半年的基质栽培，一级分枝数可达 3 至 4 个，生长速度可达自然状态下的 2 至 3 倍。

在此之前，陈利萍课题组成功培育出世界上首例胚培养的百山祖冷杉。她表示，无菌试管幼苗的获得与人工基质栽培的成功，为百山祖冷杉的抢救与保育开辟了一条新途径，也为冷杉等珍稀濒危裸子植物种质资源离体保存、遗传资源的改良及开发利用奠定了基础。

在自然状态下，冷杉等松科植物主要通过种子繁育后代，但百山祖冷杉存在种子萌发困难和幼苗成活率极低等问题。为解决百山祖冷杉自然繁育困难等问题，浙江省野生动植物保护管理总站于 2016年制定了《浙江省珍稀濒危野生动植物抢救保护行动方案（2017—2020）》，并将百山祖冷杉列为重点保护抢救物种。

浙大团队开展了利用胚拯救技术繁育百山祖冷杉的研究，成功获得了由未成熟胚发育的无菌试管苗，有效地减少了因种子发育障碍而死亡的个体数量。陈利萍介绍说，胚拯救技术可以对遇到发育困难的百山祖冷杉"胚胎"进行"剖腹产"，提前将"胚胎"从母体中分离，放置在人工"保育箱"中进行培育，从而获得新的个体。

百山祖国家级自然保护区管理处总工程师陈德良说："正是基于陈利萍教授课题组不断的技术攻关，才有了这次幼苗的回归，相信百山祖冷杉'开枝散叶'未来可期。"管理处吴友贵说："针对野外回归，我们与浙大团队制订了专门的栽培管理计划和生长监测方案，并通过对幼苗的基础生长数据进行测定以检测其野外适应情况。"

（文：柯溢能）

新瓶装旧酒，为抗癌药做新型"伪装"

抗癌药物到达肿瘤内部释放，需要经过血液循环、肿瘤组织内积蓄和扩散，进而被肿瘤细胞内吞等过程。这一过程中"山一重，水一重"，而且路上充满风险——有的水溶性差使得药效无法发挥，有的像没头苍蝇找错了肿瘤所在的位置不能精准释放，有的则"出师未捷身先死"，早早被体内的免疫系统察觉当作敌人直接消灭掉了。

为了让抗癌药物在体内更好地循环、有更好的疗效或者降低抗癌药物对正常组织的杀伤性，利用纳米材料包载抗癌药物构筑纳米药物，是当今的研究热点。

浙江大学黄飞鹤教授、毛峥伟教授和美国国立卫生研究院喻国灿博士团队，研制出一种构筑超分子多肽的新方法，其可控的多肽自组装拥有多种形貌并可用于癌症的光动力治疗中。这种新型药物递送体系，将光动力治疗的光敏剂卟啉装入新型结构"潜艇"，进而给药直达肿瘤细胞。

这项研究被国际知名杂志《自然·通讯》（*Nature Communications*）报道，第一作者为浙江大学化学系博士生朱黄天之，共同通讯作者为浙江大学化学系黄飞鹤教授、高分子系毛峥伟教授和美国国立卫生研究院喻国灿博士。

内源性物质制造运药"货船"

给癌症化疗药物做"伪装",其实过去科研人员用传统的高分子材料,早就给光敏剂卟啉做过,并用于光动力治疗,但这类纳米药物很多被体内循环或免疫系统阻碍,治疗效果不佳或有免疫毒性。

于是,科研人员就想到:能否用生物内源性的物质来构筑药物载体?研究人员很快锁定了利用多肽制造"货船"用于伪装。多肽是基于内源性氨基酸的生物材料(氨基酸也是构成蛋白质的分子),具有生物相容性好、细胞吞噬效率高、免疫毒性低等优点,是生物化学领域中纳米功能材料的最佳选择之一。

确定使用多肽后,研究人员就要开始设计这个"伪装者"了。多肽的亲水端是肿瘤细胞靶向序列,作为"导航仪"用于确定行进方向到达肿瘤组织。多肽疏水的部分用于构筑两亲组装体和载药。两者以可交联的序列连接,以在后续的形貌转变中起到定形的作用。

为了更好地控制药物的包载和纳米材料的形貌,科研人员创新地将柱[5]芳烃引入用于调控组装过程及组装形貌。作为正五边形的环状化合物的柱[5]芳烃,中间的空腔可以容纳客体分子,能赋予载药"货船"温度响应性,从而更方便地对纳米材料进行调控。

"多肽与柱芳烃组成纳米粒是一种全新的材料构筑方式。"黄飞鹤介绍,要给柱[5]芳烃修饰上甘醇链,才能让柱[5]芳烃有更好的生物相容性。

加热自组装变身成为"潜艇"

自组装是小分子通过非共价作用力自发组装成大的组装体的过

程。打个比方说建房子，小分子就是一个个砖块，组装体就是砖块垒成的房子，非共价作用力就是垒砖块的水泥。

多肽用于生物材料已经有许多报道，但是多肽组装体的形貌调控依旧是一大难点。在不共价修饰多肽的情况下，其组装形貌大多为纳米线，且形貌无法随外界刺激而转变。纳米线不利于被细胞摄取吞噬，药物没法进入细胞，依旧没有治疗效果。

于是科研人员利用被甘醇链修饰的柱[5]芳烃，通过非共价作用力构筑超分子多肽，得到的超分子多肽在加热后会因为柱[5]芳烃从亲水变成疏水，"变身"成为球形的纳米粒子结构。

在加热的过程中，亲水的"导航仪"倾向于排布在纳米粒子的外表面，依旧能起到导航作用。与此同时，作为疏水化合物的卟啉在此时混入载药体系，被疏水的纳米粒子内核所包载，新结构的抗癌纳米药物就此制成。毛峥伟表示，组装形貌调控就是一个重要的创新，多肽的组装形貌从纳米线变成纳米粒子，可以做更多的生物实验。

然而，用于生物实验的纳米材料必须在 37℃ 左右使用，因此需要降温，但是降温后纳米粒又会因为柱[5]芳烃变得亲水而散掉回复原位。怎么办？还记得刚开始设计的交联序列吗？这些半胱氨酸残基在氧气中加热时会被氧化为胱氨酸，把多肽链牢牢链接在一起。因此即便温度降回原位，仍是球状的"潜艇"。朱黄天之说道：这一设计使得我们的材料即使在高温下组装，降低温度后组装形貌也较为稳定，可用于后续的生物实验。

通过光照扣动扳机

中外科研人员联合研制的新型纳米药物具有可控的组装形貌、良好的生物相容性等优势，"新瓶"制好，如何装入作为杀死肿瘤细胞手

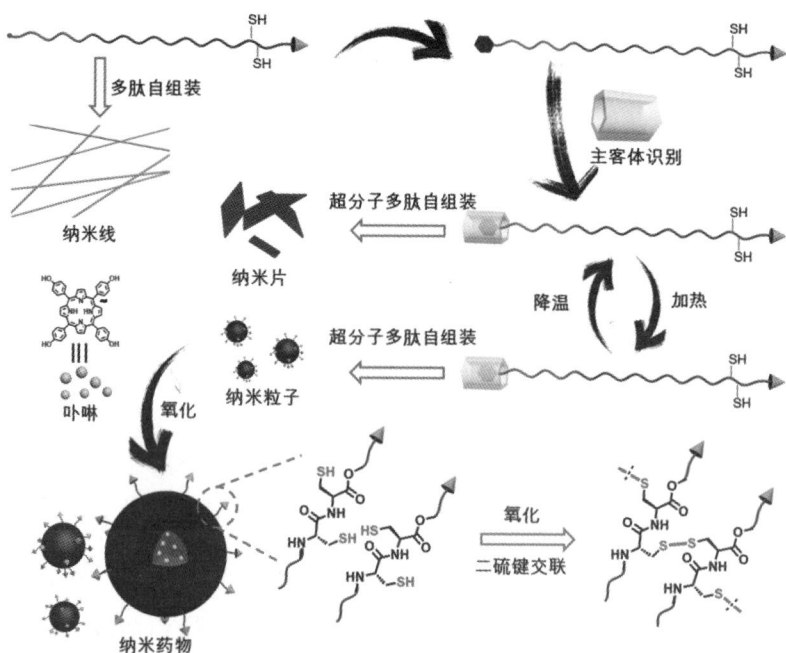

超分子多肽的自组装调控过程和纳米药物的制备

枪的卟啉这个"旧酒"呢？科研人员给出的答案很清楚——在多肽与柱[5]芳烃加热自组装过程中被包载进入球形"潜艇"，伪装穿越人体屏障，同时通过导航找到肿瘤细胞，进入肿瘤细胞内部。

在光照条件下，卟啉像是被扣动了扳机，发射出氧自由基对细胞造成破坏，进而诱导细胞死亡。通过动物实验，科研人员将该纳米药物用于生物相容性好、免疫毒性低的光动力治疗。

体内和体外的研究表明，超分子的修饰策略及多肽的靶向性大大提高了光动力治疗效率。科研人员表示，这种超分子多肽在多肽的修饰及肿瘤的精准治疗等方面具有广阔的应用前景。

（文：柯溢能）

"通用熊猫血"，有望解决临床血源短缺难题

说到"熊猫血"，可能大家都不陌生，我们时不时能看到这样的新闻：某某病人因为手术需要输血，结果一查是罕见的"熊猫血"，血源库存短缺，只能紧急向社会求助。

因为"熊猫血"的人群数量很少，在临床输血中常常供不应求。在紧急状况下能否及时得到"救命血"成为关系到"熊猫血"受血者生命存亡的关键因素。

为解决这一难题，浙江大学化学系唐睿康教授和浙江大学医学院附属第二医院/转化医学研究院王本副教授联合研究团队成功研制出"通用熊猫血"，通过细胞膜锚定分子在红细胞表面构建聚唾液酸-盐酸酪胺的凝胶网络，实现了"通用熊猫血"的人工构建和安全输血。

这项研究发表在国际知名期刊《科学进展》(Science Advances)上，论文的共同第一作者为浙江大学化学系博士生赵玥绮和医学院博士生范明杰，共同通讯作者是浙江大学化学系唐睿康教授和医学院王本副教授。

"熊猫血"到底有多稀有？

人的血型通常是由红细胞表面某些可遗传的糖蛋白及糖链构成

的抗原决定的。截至目前，像这样的血型系统已经被发现有超过 30
种，比如大家最为熟悉的由 A、AB、B、O 组成的 ABO 血型系统，而 Rh
血型系统是已分类的红细胞血型系统中最复杂的一类。在 Rh 系统
中，如果红细胞表面含有 D 抗原，被称为 RhD 阳性，反之则称为 RhD
阴性。

已有的科学研究发现，RhD 阳性的人群占世界人口的绝大部分，
RhD 阴性是非常少见的，比如在亚洲，超过 99.5％的人为 RhD 阳性，
只有不到 0.5％的人是 RhD 阴性，因此被称为"熊猫血"。

D 抗原究竟有什么特殊之处呢？

从结构上来看，D 抗原像钉子一样插在红细胞中间，有一小部分
像触角一样暴露在外，不但容易在 RhD 阴性的人体内诱发人体免疫
反应，而且它是 Rh 血型系统中产生抗体最多、反应最为强烈的抗原。
对于 RhD 阴性的人来讲，第一次接受 RhD 阳性的血液后人体会产生
针对 RhD 抗原的抗体，到第二次输血时，抗体就会破坏 RhD 阳性的红
细胞，产生可怕的后果。

目前常见的输血办法有三种：一是通过同样是"熊猫血"的好心人
捐献，二是患者提前抽出自己的血液以备不时之需，三是一次性输入
RhD 阳性血液应急。

尽管如此，稀有的血源一直困扰着"熊猫血"人群。有没有能"一
劳永逸"地解决输血难题的办法呢？

人造细胞膜，给抗原加一层"防护网"

唐睿康、王本团队想到了用"易容术"将 RhD 阳性的红细胞"改
造"成 RhD 阴性的。

从结构上看红细胞，它的膜表面结构是双层柱状的磷脂分子，嵌

在"柱子"上的是球状的膜蛋白，整个结构就好像是滴在水面上的油膜，这使得红细胞非常柔软，并且这样的结构具有较强的形变能力。D抗原就是嵌在这样的结构上。浙大科研团队通过再造一层细胞膜表面结构，把D抗原的触角掩藏起来。

科学家们是怎么做到的呢？他们通过在细胞膜上引入特殊设计的锚定分子，用类磷脂分子复制出一根根"柱子"锚定在红细胞膜表面，然后再通过复制细胞膜最外层唾液酸分子的材料，将聚唾液酸-盐酸酪胺的凝胶网络均匀地构建在细胞表面。当然，"柱子"和新的膜不会自主交联，科学家通过引入固定酶分子并借助酶催化反应将两者"粘住"形成稳定的结构。

由此，原来红细胞膜上探出头来的触角，也就被掩蔽在了"防护网"中。有了这样一层"伪装"，抗体就识别不出抗原了，不会引起免疫反应，也就不会发生排异了。"我们这项研究把RhD阳性的红细胞变成了好像是没有D抗原的红细胞，这样在临床上，病人有望不需要RhD血型匹配就可以应急输血。"王本说。

细胞表面的转化医学已经"在路上"

这项研究开展了近5年。王本说，这个实验设计中难度最大的部分，就在于保持红细胞原有的物理性能及生理功能。

他们所设计的三维凝胶网络对红细胞表面的修饰是一种全新的策略，由于其优越的生物亲和性和对细胞膜表面抗原的掩蔽作用，可将RhD阳性的红细胞转换为可供RhD阴性受血者输血的"通用熊猫血"，针对RhD阴性稀有血型的临床输血问题给出了新的化学生物学解决方案，体现了化学和医学的交叉融合。

目前，"通用熊猫血"已经在小鼠体内实现了安全的单次及多次输

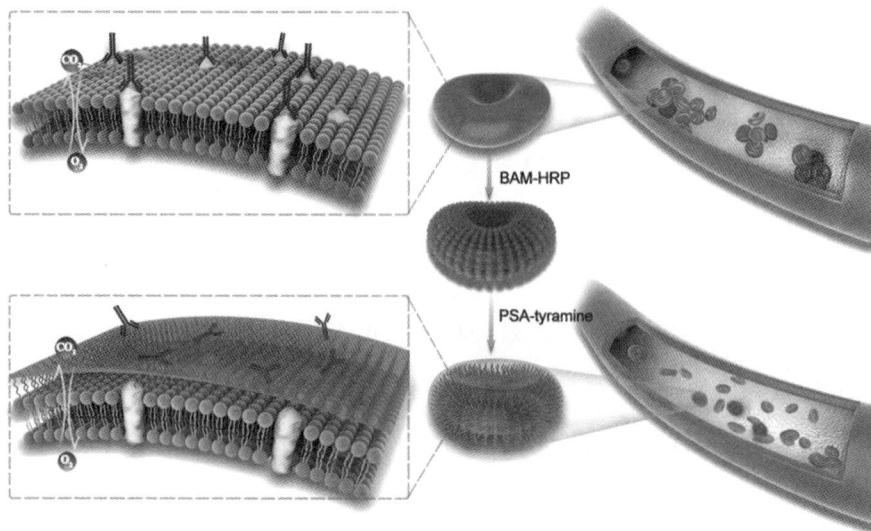

RhD 阴性血即"通用熊猫血"的制备过程示意图

血,具有正常的体内循环时间;同时也在兔子体内验证了 D 抗原的完全掩蔽,且不具备免疫原性。总体来说,这项研究展示了良好的临床转化前景。

王本透露,除了继续推进"通用红细胞"的研究工作之外,临床上血小板的输注也要考虑配型,面临的问题比红细胞配型更麻烦,目前相关的延伸研究正在筹划。"在不久的将来,或许能够有更多通过化学生物学方法改造细胞的手段,赋予细胞更多新的功能,并在医学中探索其应用的可能。"

该研究得到国家自然科学基金(81570168,21625105,31822019)及浙江省杰出青年基金(LR16H180001)的支持。

（文:柯溢能、吴雅兰）

三维重建，让云冈石窟永放光彩

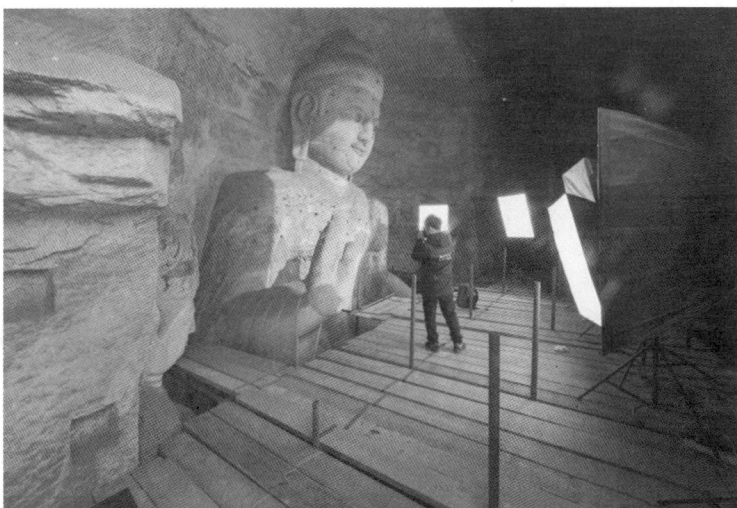

　　云冈石窟位于大同市城西 16 公里的武州山南麓，石窟东西绵延约 1 公里，现存主要洞窟 45 座，造像 59000 余尊，代表着 5 世纪世界雕刻艺术的最高水平，与敦煌莫高窟、洛阳龙门石窟并称中国三大石窟。

　　石窟始建于公元 460 年（北魏文成帝和平初年），北魏地理学家郦道元这样描述它："凿石开山，因岩结构，真容巨壮。"作为著名的世界文化遗产，如何进行有效的保护一直是个至关重要的课题。近年来，云冈石窟不断"尝新",用数字化的高科技手段让历经千年的容颜永驻。而浙江大学文化遗产研究院的文物数字化保护团队正是云冈石窟建立文物数字档案的主要参与者之一,也是数字云冈联合实验室的共同发起方。

一比一 3D 打印云冈石窟

2017 年,云冈石窟第 3 窟突然出现在了山东青岛城市传媒广场——9.93 米的主尊阿弥陀佛倚坐,面部圆润丰满,神态超然;两侧观世音菩萨、大势至菩萨高约 6 米,头戴宝冠,精美庄严。

难道是"乾坤大挪移"再现江湖了吗?其实,这是一件来自浙江大学文化遗产研究院与云冈石窟研究院联合团队的艺术作品,全球首次运用 3D 打印技术实现的大体量、高精度文物复制,将世界文化遗产云冈石窟第 3 窟西后室原真呈现。

云冈石窟第 3 窟的三维数字化高保真采集与处理,由云冈石窟研究院数字化研究室联合浙江大学文化遗产研究院文物数字化保护团队实施,采用三维激光扫描技术和多图像三维重建技术相结合的技术路线,对佛龛拍摄了 10000 多张不同角度的照片,三维采样点间距小于 2 毫米,整体三维重建误差小于 5 毫米,纹理图像采样分辨率达到了 150dpi。

"原真数字化记录和档案,是中国文物资源传承利用的基础。"浙江大学文化遗产研究院副院长刁常宇说。他们团队与深圳一家 3D 打印机生产工厂联合研发了特制打印机,可直接打印出体积为 1 米×1 米×1.5 米的部件。

"我们用了足足 20 台这样的打印机,打印了半年之久。"刁常宇说,打印出来的石窟部件,每一层只有 0.5 毫米,相当于在用一支 0.5

毫米的圆珠笔，一笔一笔"画"出这个巨型石窟的842块组件。为准确再现云冈石窟砂岩被风化的颗粒感和经历千年历史的沧桑感，他们还用一种特制的涂料对复制品进行了砂岩涂色。最后，云冈石窟研究院的艺术家进行人工上色，色彩还原度达到90%以上。

浙江大学文化遗产研究院副院长李志荣负责质量监控等工作。经反复调试，光源的设定以模拟山西大同午后四点阳光透过明窗射入窟内的效果，最终形成原尺寸、高保真的石窟复制品。

长17.9米，宽13.6米，高10米，和云冈第3窟西后室完全相同尺寸的复制窟，整体形变误差小于5毫米，采样点间距小于2毫米。云冈石窟研究院院长张焯说，这一项目标志着中国大型石质文物的数字化全息高保真记录已达到可复原水平。

为国家建立文物档案

云冈石窟研究院从2003年开始启动高浮雕、异构体石雕文物的数字化保护工作，尤其自2015年与浙江大学、武汉大学、北京建筑大学等共同成立数字云冈联合实验室以来，文物数字化保护步入了发展快车道。

为何选择了浙江大学作为合作伙伴？张焯说，是看中了浙江大学团队在业内的金口碑。

如何让传世文物保持当下的姿态继续在历史长河中前行，使将来的人们仍然能与今天的我们一样，追思先民创造的灿烂文明？浙大团队的利器就是数字化。

近十年来，沿着中国文化边疆和陆、海丝绸之路的主要站点，浙大文物数字化团队与遍布全国的合作者们已经完成了数以百计的项目。敦煌莫高窟第220窟在浙大按1∶1的比例尺寸重建，初唐精美雕像和壁画的色彩与质感精确还原;青藏高原深处古代寺庙的珍贵壁画原真采集,在江南重现,千年前的笔触纤毫毕见;脆弱不堪的泉州出水宋船,第一次有了全真三维模型,在数字世界中再度"扬帆出海"……所有这些文物,都是人类文明不可割舍的珍宝。

数字化技术厉害在哪儿?我们举一个具体的例子。重建一块刻有百余字的古代石碑,如何真实地还原每一道刻痕的纹理,成为困扰考古学家的难题。靠人工,一位熟练的专家尝试了近两个月,仍无法完美地实现。而采用浙大研发的高精度纹理自动映射技术,软件通过分析大量高清图片,自动在数以亿计的像素中选中最优的一块,映射回这些像素原本的位置上去,两个小时就完成了准确重建。山东青州龙兴寺佛像石雕繁复的纹理,泉州宋船每一片木板的纹路,都以这种方法完美实现了三维重建。

"凭借自主研发、不断升级的文物数字技术,我们让更多的文物'活起来'。"李志荣表示,浙大文物数字化团队多年来开展的工作,正是为中国文化遗产建立数字档案,为中国乃至世界文明史保存和贡献数字时代卓越的地方知识和文化记忆,夯实文化遗产新基建,为后端的展示利用提供可靠保障。

云冈石窟特展在浙大上线

山西大同距离浙江杭州有 1500 多公里,很多杭州人可能并没有机会去云冈石窟实地感受一番。不过浙大布置的一次特展,可以达到"远在天边,近在眼前"的神奇效果。

由浙江大学与山西省文物局主办、浙江大学艺术与考古博物馆和山西省云冈研究院承办的"魏风堂堂:云冈石窟的百年记忆和再现"特展已于 2020 年 6 月 12 日在浙江大学艺术与考古博物馆开展,同步的虚拟展览亦于之后正式上线。

　　据了解，这次展览是从学术史和艺术史的视角深度展示云冈石窟的重要地位、作用和意义，共分为四个部分：第一单元展现云冈石窟的北朝雕刻之美；第二单元侧重于云冈石窟研究的学术史贡献；第三单元展示云冈石窟的最新考古成果；第四单元就是数字化云冈石窟第12窟。

　　这些展品主要是云冈石窟历年发掘成果，包括窟前、窟顶遗址出土的造像、建筑构件和生活器物，相当大的一部分是首次外展，其中很多是从云冈研究院的文物库房中直接搬到浙大，可以说是异地首次云冈石窟系统性大展。

　　其中，由浙江大学与云冈石窟研究院合作的全球首例可移动 3D 打印复制洞窟，无疑是展览的一大亮点。几年来，浙江大学与云冈石窟研究院联合项目组攻克了数据采集处理、结构设计、分块打印上色等多项技术难关，古老的世界文化遗产云冈石窟迈出"行走"世界的第一步。

（文：吴雅兰、柯溢能）

第四篇

面向人民生命健康

以"移花接木"实现股骨重建骨盆

骨盆手术历来以内部脏器多且结构复杂而成为医疗领域内一块"难啃的骨头",如何让骨盆切除后得以重建,减少患者术后残疾和并发症风险,一直是国内外该领域专家有待攻克的难题。

浙江大学医学院附属第二医院骨科专家叶招明教授团队,用持续12年的创新临床研究,成功实现了骨盆肿瘤切除后用股骨重建骨盆的"移花接木"之术,为生物学重建骨盆提出了新的选择,保持了脊柱与股骨的连续性和骨盆环的张力,保证患者在功能重建后提高生活质量。

这一成果被国际著名骨科杂志《临床骨科及相关研究》(*Clinical Orthopaedics and Related Research*)发表。第一作者为浙江大学医学院附属第二医院骨肿瘤病区副主任医师林秾,通讯作者为叶招明教授,本项研究共同作者还有浙江大学医学院附属第二医院骨科的杨迪生教授及李恒元、李伟栩、黄鑫、柳萌、严晓波、潘伟波等医生。

"孤儿病"的"移花接木"

原发恶性骨肿瘤是一种罕见的"孤儿病",发病率最高的骨肉瘤也就仅百万分之二三。因此,全国专业从事这一疾病研究、治疗的并不多见,浙江大学医学院附属第二医院骨科在这个领域已经深耕 30 年。

一般而言,对恶性肿瘤的切除手术就是处理"碗与水"的关系,不但要把肿瘤这个"水"通过手术倒掉,还要将盛水的"碗"即肿瘤生长的周围一部分正常组织一并切除。

切除难,重建难,是骨盆肿瘤手术的两大难题。第一重挑战来自将带着肿瘤的一大块骨盆全部切除时,涉及大量脏器,一不小心就会造成大出血。之后的功能重建手术是另一重挑战,将髋关节缺失导致的脊柱和下肢间的骨骼连接缺损进行重建,即重建骨盆。

林秾介绍说,过往常见的功能重建手术有两种。一种是旷置,就是不重建,不对骨盆进行填充。术后,患侧下肢自动上移,脚短缩会非常明显,影响患者的生活质量。另一种选择就是在骨盆缺损处植入半骨盆假体。但骨盆假体不仅昂贵,且时间久了会松动,骨盆解剖结构那么复杂,松动后再次翻修的手术难度和风险都很大。

叶招明教授团队提出,将患者自身的股骨上端取下,补充到骨盆缺损处,而切掉的股骨部分则用人工关节代替。通过"移花接木"将骨盆这只"碗"用自身的"材料"补回来,是因为股骨上端与盆骨之间能够愈合生长,可使二次修复不用再触及骨盆内脏器;同时,股骨人工关节技术相较半骨盆假体也来得更为成熟。

一篇推迟 12 年才发表的科研论文

有别于其他科研项目先发表基础研究成果,进而推动临床创新,叶招明团队的这项成果从 2006 年开始,积累了 12 年的临床创新经验。

"股骨重建骨盆,其创新意义不仅是一种改良的治疗手段。"叶招明说，"我们团队要通过创新性临床研究，向世界介绍中国骨科医生在这个冷门领域的深耕。"

这篇论文晚了 12 年才发表，有一个重要原因就是临床医生们要通过每年术后不断地观察病人康复情况，得出这种"移花接木"手术方式安全可行的结论，继而才能对外介绍经验与成果。可以说，这项研究成果完全来自临床实践。

"每一次创新手术方式，我们都会与患者进行充分的沟通。"林秾说，"我们要在确保风险最低的基础上，为患者带来更好的术后体验。"

临床研究论文和基础应用研究论文不太一样，前者更注重在实际中的应用，对病人有着立竿见影的好处。事实也是。通过这种手术方式，最直观的改善就是患者术后步态稳定，可以弃拐。叶招明说："我们从事临床创新的初心，不仅是保住患者的性命，更要通过创新手术方式，保住他们的生活质量。"

据了解，这篇论文也是浙江省骨科第一篇研究手术技巧、手术方法的文章，发表在骨科的世界顶级期刊上。国际知名骨肿瘤专家、美国梅奥医学中心的 Franklin H. Sim 教授还在《临床骨科及相关研究》杂志上，对此文发表专题评论，认为该术式为骨盆 II 区肿瘤切除术后的功能重建提供了新的思路。

（文：柯溢能）

眼睛一闭一睁，或许那时你在"开小差"

生活中有许多事情需要保持注意力，比如上课要注意听讲，开车要注意路况，体育竞技中要注意对手的动作，等等。然而科学研究和生活常识告诉我们，人的注意力是有限的，大脑很难在长时间内时刻保持高度注意，因而有效的信息加工策略就是要把最优的注意状态用于加工最重要的信息，比如上课的时候要集中精力听重点。那么大脑是如何实现对注意的实时调控的呢？

浙江大学生物医学工程与仪器科学学院"百人计划"研究员丁鼐课题组发现，在信息加工过程中，大脑可以在一秒之内飞快地切换注意与非注意的状态。这种注意状态的快速切换依赖于大脑的运动皮层，而且运动皮层的激活可以引起眼睑肌肉的运动，以至于可以通过观察眨眼来监测大脑在哪些时刻更加专注、在哪些时刻更加放松。

这项研究发表于国际知名期刊《自然·通讯》（Nature Communications），第一作者为 2016 级硕士生金培清，并列第二作者为 2017 级硕士生邹家杰和 2018 届本科毕业生周涛，通讯作者为丁鼐。

眼睑活动与高级认知加工密切相关

《三国志》中有云："瑜少精意于音乐,虽三爵之后,其有阙误,瑜必知之,知之必顾。故时人谣曰:'曲有误,周郎顾。'"

"曲有误"是听出来的,听出来之后为什么还要扭头看看?这是因为感知与运动往往是联系在一起的,"曲有误"是感知,"周郎顾"是运动。

推而广之,听别人讲话,是不是也会引发同步的运动呢?丁鼐课题组的研究给出了肯定的答案。研究发现,听人讲话的时候,我们的眼睛会随着话语的节奏一眨一眨。人要经常眨眼,否则眼睛会干,但是人类眨眼的频次远超出了湿润眼球所需要的频次,很可能反映了大脑信息加工的某种特性。

专注与走神只在一瞬间

课题组对眨眼与注意力的研究可以用"另辟蹊径"来概括。

在脑科学研究中,研究人员往往忽略眨眼甚至将眨眼视为一种干扰。比如在脑电图研究中,由于眨眼产生的电信号对脑电信号构成很强的干扰,在脑电图分析过程中,研究人员往往首先对眨眼干扰进行去除。而这项研究所关注的正是这种往往被忽略的眨眼活动。

实验中,实验志愿者听到一系列的四字短句,如绵羊吃草、小马过河、雪花飞舞等,他们的任务是检测短句里的第一个字或者第三个字是否出现特定目标,实验过程中同步记录了志愿者听句子时的眼电及眼动。

课题组发现,实验志愿者在集中注意听的时候眨眼会较少,不注意听的时候眨眼较多。听同一段话的时候,由于关注的内容不同,实验志愿者眨眼的时刻也会不同。在实验中，注意与不注意的状态可以在一句话甚至一秒之内迅速切换，而眨眼率也相应地在短时间内迅速改变。这就好比学生感觉老师要讲重点的时候，就会集中精力，减少眨眼。重要的内容过去之后，眨眼就会增多，湿润一下略微干涩的眼球。

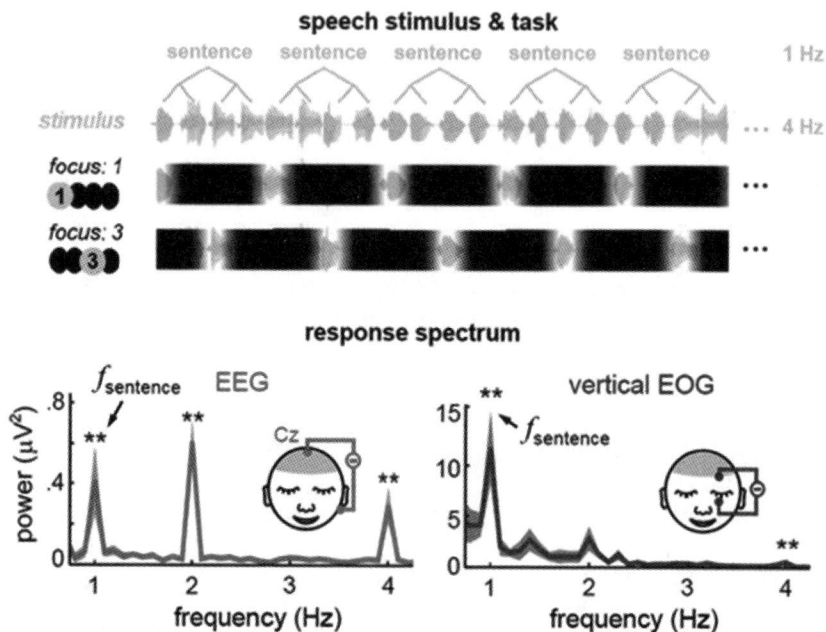

聆听语音的过程中，眼睑活动可以反映听者在一句话之内的注意焦点

　　这种与注意相关的眼睑活动不依赖于光照等条件。即使在黑暗环境下，或者在闭眼的情况下，在听声音的时候，眼睑肌肉运动依然受到注意状态的调节。一直以来，眨眼被认为主要具有保护眼睛、湿润眼球的功能，但是这项研究表明眼睑活动与高级认知加工密切相关。

我们注意听的时候为什么不眨眼呢？

　　眨眼甚至闭眼都不直接影响我们的听觉，那么大脑为什么进化出这种与听觉同步的眨眼行为呢？一种可能的解释是眼睛的状态反映了大脑的信息加工状态。

丁鼐课题组提出一个新假说：对于人类来说，视觉是最主要的信息来源。所以，睁眼的时候，大脑优先加工外界信息；相反的，闭眼的时候，大脑优先处理内务（思考人生、做白日梦、休息等）。所以，眼皮就好像闸门：大脑想要处理外部信息的时候就打开闸门，把信息采集进来；在预期外部没有重要信息的时候则会拉一下闸，处理一瞬间的内务。

按照这个假说，眼皮是大脑信息加工状态的一个外在反映——切换到对内状态之后，对视觉、听觉等感官的加工都被暂时削弱。所以，眼皮不仅仅是保护眼睛的"窗帘"、湿润眼球的"毛巾"，更是大脑加工状态的"晴雨表"。

针对这项实验发现的未来应用，丁鼐表示，这可以为通过视频监测大脑注意状态提供新思路：比如通过分析上课过程中同学们的眨眼活动了解全班注意力情况，而这种信息可以用于教学质量的客观评价，也可以反馈给教师以提高教学质量。

该课题得到国家自然科学基金、浙江省自然科学基金等的支持。

（文：柯溢能）

大麻可用于治疗抑郁症？

浙江大学医学院李晓明教授团队在抑郁症研究方面取得重大突破，国际医学顶级期刊《自然医学》（*Nature Medicine*）刊发该团队最新研究成果"Cannabinoid CB$_1$ receptors in the amygdalar cholecystokinin glutamatergic afferents to nucleus accumbens modulate depressive-like behavior"。该研究发现了一条参与抑郁症发病的新神经环路并揭示了大麻治疗抑郁症的新机制。本课题主要由博士研究生沈晨杰、郑迪、李可心等在李晓明教授的指导下完成。2014级博士研究生沈晨杰是论文的第一作者，李晓明教授是论文的通讯作者。本研究得到了浙江大学胡海岚教授、段树民院士等的大力帮助。

抑郁症是一种最常见的精神疾病，严重困扰患者的生活和工作，给家庭和社会带来沉重的负担，目前我们对抑郁症的病理机制仍然知之甚少。临床上对于抑郁症的诊断主要通过患者自述，并且临床针对抑郁症的治疗药物主要是通过提高脑内化学递质的水平来达到抗抑郁的效果，起效很慢，而且只在20％～30％的病人中起效。因此，研究抑郁症的发病机制对于其诊断和治疗具有重要意义。

首先，团队发现了参与抑郁症发病的一条新的神经环路——杏仁核的胆囊收缩素阳性神经元投射到伏隔核的抑制性神经元,进一步发现在社会压力应激导致的抑郁动物模型中,该环路的突触活动显著增强,利用光遗传技术抑制这条神经环路的活动可以有效克服抑郁症状。其次,团队发现大麻素受体在这条环路的特异性表达,并且在抑郁动物模型中,该环路上的大麻素受体表达显著降低。敲降该环路上的大麻素受体,也可以导致环路突触活动增强和小鼠易感抑郁的表型。更重要的是,团队发现外源性地给予人工合成的大麻可以逆转社会压力导致的抑郁样行为。这些发现不仅揭示了大麻抗抑郁的分子和环路机制,推进了人们对于抑郁症发病机理的认识,并为抑郁症的临床诊断和治疗提供了新的分子靶点。

大脑"恐惧中心"杏仁核存在两条感知"愉悦"和"厌恶"的神经环路

在长达五年的研究中,浙江大学李晓明教授团队主要关注一个叫作杏仁核的脑区。杏仁核位于掌管情绪的边缘系统中,在大脑深处,因形状酷似杏仁而得名。杏仁核在下至爬行动物、上至人类的大脑里都存在,传统研究表明,杏仁核主要掌管我们的恐惧记忆。但是近些年来的研究认为,杏仁核可能参与情绪的编码。

团队首先利用原位杂交等技术分析了杏仁核的基因图谱,意外地发现一种名为胆囊收缩素的肽类在杏仁核高表达。为了研究这类胆囊收缩素阳性神经元在情绪编码中的作用,团队采用一种名为"实时位置条件偏好"的行为范式,将小鼠放入可以自由穿梭的两箱内,然后在一侧箱子给予光遗传刺激(即用光控制神经元活动),激活小鼠脑内杏仁核的胆囊收缩素肽类神经元。团队在观察小鼠行为的时候,有趣的事情发生了:他们发现,小鼠一旦进入光刺激区域,几秒后,它就会快速逃回另一侧,久而久之,小鼠就不愿到光刺激区域探索了。这就说明,光激活杏仁核的胆囊收缩素神经元带给了小鼠"厌恶"的情绪体验。相反,课题组发现,如果利用光遗传同样地激活杏仁核不表达胆囊收缩素的神经元,小鼠会表现出对光照区域的"喜爱",这就说明这些杏仁核胆囊收缩素阳性和阴性神经元编码了"厌恶"和"愉悦"两种截然相反的情绪体验。

进一步研究发现,这两群杏仁核神经元除了基因表达的差异,在神经环路投射上也存在很大的区别。虽然这两群杏仁核神经元都投射到一个叫作伏隔核的下游核团,但是胆囊收缩素阳性神经元主要和伏隔核表达多巴胺受体 2 型的抑制性神经元形成突触联系,相反,胆囊收缩素阴性神经元主要和伏隔核表达多巴胺受体 1 型的抑制性神经元形成突触联系。"这是首次同时从基因和环路的水平鉴定杏仁核表达愉悦和厌恶的候选基因及其相关的神经环路。"李晓明教授解释道。

杏仁核相关的"厌恶"神经环路突触活动异常介导抑郁症状

临床抑郁症患者尸体解剖和影像学等证据都表明杏仁核的体积在抑郁症患者中增大,并且当抑郁症患者面对负性情绪刺激时,他们的杏仁核也会显著地被激活,这提示杏仁核可能在抑郁症的发病过程中扮演着非常重要的角色。

为了证实杏仁核这两条编码"愉悦"和"厌恶"的神经环路在抑郁症中的作用,团队用了一种名为"社会应激挫败"的抑郁模型。他们将实验小鼠放入攻击性强的 CD1 品系小鼠的笼子里,一旦实验小鼠进入,CD1 小鼠会立即追打和攻击实验小鼠,这个攻击过程持续 10 分钟,连续 10 天。在第 11 天,这些实验小鼠被放入一个社会交互的旷场中,将 CD1 小鼠放在旷场中央,一部分小鼠表现出社会逃避,不愿意和 CD1 小鼠进行社会交流,他们称这些小鼠是悲观型小鼠。课题组进一步利用"悬尾实验"和"糖水偏好实验"发现,这些悲观型小鼠表现出"行为绝望"和"快感缺失",即当被倒立悬挂时,悲观型小鼠更早地表现出放弃挣扎的状态,并且它们对平时喜欢的糖水奖励也无动于衷。相反,另外一群小鼠在经历 10 天社会应激后,在第 11 天仍然愿意与 CD1 小鼠进行交流,这些小鼠被称为乐观型小鼠。"生活中,面对同样的压力时,有一部分人更容易消沉,甚至进入长期的抑郁状态,这与他们的大脑有关。"该论文的第一作者沈晨杰博士解释道。

接着,团队利用离体脑片电生理记录等技术发现,杏仁核相关"厌恶"神经环路的活动在悲观型小鼠中异常活跃,如果人为地利用光遗传抑制杏仁核"厌恶"环路的神经元活动,可以逆转悲观型小鼠的抑郁样症状,表现为悲观型小鼠主动接近 CD1 小鼠并与它交流,而且掉入水中时的求生欲和对糖水的喜好都大大增强。相反,如果在正常小鼠中持续激活脑内杏仁核的"厌恶"环路,这些正常小鼠慢慢地表现出行为绝望和快感缺失的抑郁样表型。"这就说明脑内杏仁核胆囊收缩素相关的'厌恶'环路可以双向调节抑郁行为,这为以后治疗抑郁症提供了一个新的治疗策略。"该论文的第二作者郑迪博士说。

大麻素受体"刹车失灵"介导抑郁小鼠中"厌恶"环路突触活动的增强

为了进一步研究悲观型小鼠杏仁核相关"厌恶"环路活动增强的具体分子机制,团队利用原位杂交技术发现,大麻素受体大量表达在杏仁核胆囊收缩素肽类神经元阳性的"厌恶"神经环路中。

什么是大麻素受体?大麻素受体是人的中枢神经系统中表达量

最高的 G 蛋白偶联受体之一。大麻素受体主要位于突触前膜,脑内的大麻素受体不仅可以被令人上瘾的大麻主要成分植物性大麻素 THC 所激活,也可以被神经系统突触后膜产生的内源性大麻素 N-花生四烯酸氨基乙醇和 2-花生四烯酸甘油所激活。当神经环路上的突触活动过强时,突触后的神经元会产生内源性大麻素"逆行"到突触前激活大麻素受体,被激活的大麻素受体可以抑制突触前递质的释放,从而起到反馈性的调节。"如果把神经环路的突触活动比作高速行驶的汽车,那脑内的大麻素受体就是这辆汽车的刹车系统。"沈晨杰博士说。

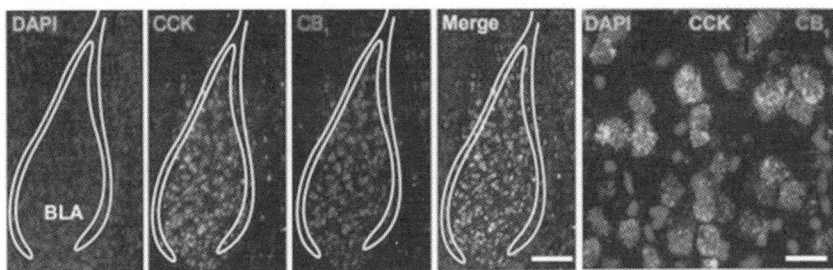

小鼠脑内杏仁核区域胆囊收缩素(Cholecystokinin,CCK)和大麻素受体(Cannabinoid receptors,CB₁)共表达情况

这些在杏仁核"厌恶"环路中高表达的大麻素受体和抑郁症又有什么关系呢?团队在悲观型小鼠的脑内发现,其大麻素受体的表达水平较对照组小鼠和乐观型小鼠明显降低;离体和在体电生理证据表明,悲观型小鼠脑内降低的大麻素受体表达使得杏仁核表达"厌恶"的神经环路,其面对压力时的过度突触活动不能被有效抑制。并且,如果利用病毒敲降正常小鼠"厌恶"环路中的大麻素受体,这些小鼠会表现出对压力的易感性,即当它们面对社会应激压力时,更容易表现出抑郁样的行为表型。

"我们的研究证明大麻素受体对于杏仁核'厌恶'情绪的表达至关

重要，一旦其表达或功能下降，会导致杏仁核'厌恶'情绪的过度表达，就好比是行驶在高速公路上无法刹车的汽车，最终酿成大祸。"沈晨杰博士解释道，"并且，值得注意的是，2007 年一款一度被推崇的新型减肥药，也就是大麻素受体的拮抗剂利莫那班在全球市场被紧急撤回，主要是因为它在减肥的同时还会导致抑郁，我们的研究提供了大麻素受体功能下调导致抑郁症的神经环路解释。"

医用大麻：抗抑郁治疗的新曙光

早在千年之前，传统医学的经典文献《黄帝内经》中就记载了古人医用大麻的案例。大麻是一种非常有效的止痛剂，同时对恶心、呕吐也有较好的疗效。大麻的医用史可追溯到 5000 年以前，可以用于治疗疼痛、呕吐、癫痫等。

既然抑郁小鼠的杏仁核"厌恶"环路中的大麻素受体表达下降，导致了突触活动增强和厌恶情绪过度表达，那么如果人为给予外源性大麻素，能否起到抗抑郁效果呢？团队利用套管注射等方法，在抑郁小鼠脑内注射了人工合成的大麻，发现可以有效地逆转小鼠的抑郁样症状。"医用大麻用于抑郁症的治疗仍有很长一段路要走，"李晓明教授说，"但是，我们的研究提示大麻素受体可以作为一个抑郁症诊断的分子标记物，我们目前已经成功设计并合成了针对大麻素受体的临床用 PET 示踪剂，正在开展相关的临床研究。"

据悉，《自然医学》杂志评审专家对这一研究给出了很高的评价："这项工作非常新颖，具有高度的原创性，实验设计严谨，利用多种技术从分子、细胞、环路和行为等不同层面，在概念上更新了我们对重度抑郁症发病机理、应激神经生物学和杏仁核环路结构及功能的认识，并必将对这些领域产生重要影响。""实验设计巧妙，结果不仅有趣，而且非常有实用价值,具有广泛的意义。""这项工作提供了让人信服的数据,证明了杏仁核胆囊收缩素阳性神经元到伏隔核环路中的大麻素受体在调节抑郁样症状中的重要性。"

　　本研究得到国家自然科学基金重点项目与"情感和记忆的神经环路基础"重大计划集成项目等的资助。

（文：者也）

免疫 T 细胞用生物力"钓"出肿瘤细胞

免疫治疗通过激活免疫 T 细胞的功能，特异性识别并消灭肿瘤细胞，是人类未来攻克癌症的最有潜力的手段之一。免疫 T 细胞表面受体(T-cell receptor，TCR)在识别并清除肿瘤细胞的过程中发挥着关键作用。但是，如何让 T 细胞更好地应用于癌症治疗一直是各国科学家面临的重点和难点，而其中最核心的问题之一是 TCR 如何识别肿瘤细胞上的由基因突变所产生的新生抗原(Neoantigen)("非我"抗原)。

浙江大学医学院基础医学系陈伟教授课题组联合中科院生物物理研究所娄继忠团队在国际知名期刊《分子细胞》(*Molecular Cell*)上发表了研究成果"Mechano-regulation of peptide-MHC class I conformations determines TCR antigen recognition"，从原子水平到细胞水平跨尺度揭示了生物力如何动态调控抗原呈递分子(pMHC-I)的构象变化以决定 TCR 的"非我"抗原识别，阐释了 T 细胞受体精准特异性识别"非我"抗原的分子机制。这项研究为未来寻找肿瘤新生抗原以及基于新生抗原的 T 细胞免疫治疗提供了基础理论和技术支持。

浙江大学医学院基础医学系博士研究生武鹏、张同同和机械工程学院博士研究生费攀宇(医工交叉培养),美国犹他大学刘宝玉博士以及中科院生物物理所研究助理崔蕾为该论文的共同第一作者,浙江大学医学院基础医学系陈伟教授和中科院生物物理所娄继忠研究员为该论文的共同通讯作者。

识别"自我"与"非我"

准确快速找到并清除受病原感染的细胞或者基因突变的肿瘤细胞是维护生命体健康的重要保障,人体免疫系统中的 CD8[+] T 淋巴细胞(T 细胞)在此过程中发挥着至关重要的作用。

T 细胞主要通过其表面受体 TCR 特异性识别靶细胞表面MHC-I分子呈递的"非我"或肿瘤新生抗原多肽(激动型),快速触发 T 细胞杀伤靶细胞的免疫功能。然而,人体内抗原种类繁多($>10^{18}$),而且"非我"抗原和"自我"抗原的差别极小(往往仅相差几个氨基酸残基)。

TCR 如何迅速、精准地在不计其数的"自我"抗原中找到"非我"抗原是免疫学领域最核心的问题之一,也是未来临床基于 T 细胞的免疫治疗(特别是 TCR-T)的关键之一。

T 细胞用生物力"钓"出肿瘤细胞

T 细胞没有眼睛,那么它是如何识别"自我"抗原与"非我"抗原的呢?陈伟教授曾于 2014 年在《细胞》(*Cell*)杂志上发表文章指出:TCR与激动型的抗原分子之间会产生特异性相互作用,且生物力可以增强其相互作用,从而放大"自我"抗原与"非我"抗原之间的差别。

在本研究中,陈伟课题组进一步挖掘出了这个过程中的分子机制。他们发现,T 细胞通过 TCR 分子与"非我"抗原相互作用后,生物力促使"非我"抗原的构象发生变化并与 TCR 形成"逆锁键"，TCR 与非我抗原"粘贴"更加紧密且相互作用增强；同时，对于"自我"抗原，不发生上述构象变化，由此生物力可以迅速将其与 TCR 分子分开并削弱它们之间的相互作用（图 A）。

这个生物力，就好像钓鱼时给鱼竿的一个拉力——一拉鱼竿，鱼与鱼钩咬得更紧（图 B）。实验发现：在不加力的情况下，"自我"抗原与"非我"抗原与 TCR 结合的时间差不多；但是在加力的情况下，"非我"抗原与 TCR 结合的时间要长出十几倍。因此，生物力通过引发pMHC-I的构象变化，多部级联放大"自我"抗原和"非我"抗原的差别，帮助 TCR 实现精准的"非我"抗原识别。

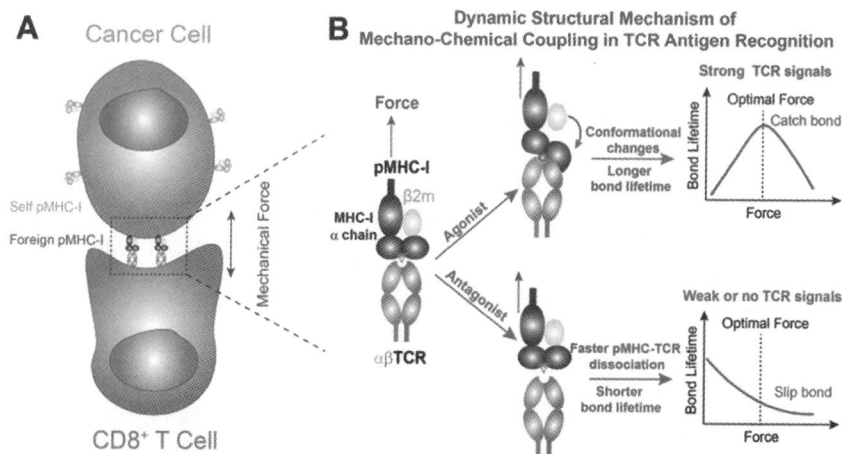

A　Cancer Cell

Self pMHC-I

Foreign pMHC-I

Mechanical Force

CD8⁺ T Cell

B　Dynamic Structural Mechanism of Mechano-Chemical Coupling in TCR Antigen Recognition

Force

pMHC-I

MHC-I α chain　β2m

αβTCR

Agonist

Antagonist

Conformational changes　Longer bond lifetime

Faster pMHC-TCR dissociation　Shorter bond lifetime

Strong TCR signals

Optimal Force　Catch bond

Bond Lifetime　Force

Weak or no TCR signals

Optimal Force　Slip bond

Bond Lifetime　Force

研究结果不仅为 T 细胞精确识别不同抗原提供了重要的理论依据，同时对新生抗原的精确预测、新兴免疫治疗药物的开发（特别是基于新生抗原的 TCR-T 细胞免疫治疗的研发）以及优化疾病临床免疫治疗方案提供了关键的基础理论和技术支持。

"这也是本项研究的精彩之处，通过生物力，肿瘤细胞和正常细胞在生物学上的差异被放大。"陈伟说，"因此，如何能够通过这一规律，找到特异性识别肿瘤的 T 细胞并加以扩增，使其能够更有效地杀伤肿瘤细胞,是未来肿瘤免疫治疗(特别是实体瘤)临床研究的重要方向之一。"

"部分晚期肿瘤病人的 PD-1 的免疫治疗效果不理想,其中一个原因有可能是 T 细胞激活的第一信号——抗原识别出了问题。"基于这个新机制,课题组还对临床 PD-1 的免疫治疗部分病人无效的潜在原因提出了新的观点:肿瘤病人的 HLA 一类分子的基因突变或者基因类型可能影响 pMHC 在生物力情况下的构象变化,削弱了 TCR 的抗原识别,从而影响了 PD-1 等免疫治疗中 T 细胞的有效激活。

医工信交叉中不可小视的生物力

确实,在传统生物学研究中,生物力常常被忽视。"但是,细胞在生命活动中会将生物力施加到蛋白分子上,这时参与到细胞相互作用及信号传导中的力却不能被简单忽略。"陈伟说。这也可以回答传统蛋白结构研究中,科研人员总结出随着新的 TCR 及新生抗原结构的发现,原有的"自我"与"非我"结构上的区分规律不断失效,而生物力所导致的抗原呈递分子的构象变化很好地放大了"非我"和"自我"抗原分子的差别,揭示了更本质的 TCR 抗原识别的内在规律。

细胞内生物力是否真实存在呢?血流的剪切力、爬行中细胞骨架产生的拉力、细胞与细胞之间的黏附力等都可以作用在细胞及相关蛋白分子上。然而,就像我们身处重力环境下的万有引力,直到牛顿被苹果砸中,人们才逐渐"看到"这个力的存在。

这项研究中,科研人员搭建了单分子检测仪器,通过单细胞水平的单分子生物膜力学探针,定量检测了一个 T 细胞受体和一个抗原分子之间在生物力作用下的结合时间,并测得细胞寻找抗原的最佳力值和结合时间。另外,课题组通过高性能计算分子动力学模拟计算出了

TCR 和抗原呈递分子的力致动态构象变化规律,同时结合生物化学和生物物理的方法,利用单分子磁镊技术直接观测到抗原呈递分子 13 纳米左右的力致构象变化。

"观测蛋白构象变化通常利用结晶、电镜、荧光显微镜成像等准静态的方法,但要达到纳米级的直接动态观测,特别是生物力作用下的蛋白质构象变化,上述方法比较难,而单分子力学操控技术则是一个更直接且更有效的方法,这也是 2018 年获诺贝尔物理学奖的'光镊'技术的重要应用之一。"陈伟介绍说。

"学科交叉研究其实很不容易。"陈伟 2014 年回国就开始了这项研究,结合生物、物理、化学、工程、计算机等领域团队,展开医工信交叉的研究。"我虽然在医学院工作,但本硕都是从电气工程学院毕业的,希望未来能够有更多的老师和同学进入到交叉合作的研究中。"陈伟笑着说,同时他对学校大力推进医工信交叉研究特别支持。

这项研究得到国家科技部蛋白质重大研究计划项目、国家自然科学基金委、浙江大学等项目及单位的支持,尤其得到了基础医学院、医学院附属第二医院、机械工程学院的大力支持;同时,该研究也得到感染性疾病协同诊治创新中心、生物医学工程与仪器学院、现代光学国家重点实验室等的支持。

（文：柯溢能）

大脑神经环路"红绿灯"失控会导致社交恐惧

　　社交恐惧症,又称社交焦虑障碍,是一种十分常见的精神疾病,其发生机制不甚清楚,且目前尚无令人满意的疗法。国际知名期刊《神经元》(*Neuron*)报道了浙江大学医学院基础医学系/附属第二医院神经科学研究中心徐晗教授团队利用自主构建的小鼠模型,结合一系列先进的实验方法,在前额叶皮层发现一条导致小鼠社交恐惧行为的新神经环路。

条件性社交恐惧小鼠模型的构建

　　社交恐惧症患者极力回避社交场合,当处于社交场合时会脸红、出汗、四肢颤抖,不敢与人对视,更有甚者会出现昏厥。社交回避和社交恐惧是其最典型的行为症状。模式动物在神经精神疾病的病理机制研究中发挥着十分重要的作用。理想的疾病动物模型需要重现神经精神疾病患者的主要行为症状。

　　运用巴甫洛夫条件反射的原理,徐晗团队首先自主研发了一套小鼠条件性社交恐惧造模系统。经历过社交恐惧条件化的小鼠对同类小鼠表现出强烈、持续的社交恐惧和社交回避反应。此外,和传统的社交恐惧模型相比,该条件性社交恐惧模型的优点是恐惧小鼠不伴有广泛性焦虑和抑郁样行为。因此,条件性社交恐惧小鼠是研究社交恐惧精确神经机制的合适动物模型。

"红绿灯"失效,导致社交恐惧发生

运用条件性社交恐惧小鼠模型,浙江大学科研人员发现当实验小鼠经历社交恐惧表达后,前额叶皮层有大量神经细胞被激活,而用药理学方法失活前额叶皮层则会大大降低小鼠的社交恐惧程度,这表明前额叶皮层直接调控社交恐惧的表达。

那么当社交恐惧发生时,前额叶皮层神经元的活动是什么样的呢?徐晗团队采用在体多通道电生理记录,发现当社交恐惧发生时,前额叶皮层表达小清蛋白(parvalbumin,PV)的抑制性神经元的动作电位发放活动水平显著下降,而兴奋性神经元的活动水平显著升高。进一步的药理遗传学实验证明上述现象导致了小鼠社交恐惧的表达。

神经元好比神经环路中的"红绿灯",当"绿灯"PV神经元正常工作时,会抑制兴奋性神经元的活性,从而防止社交恐惧的发生。那么是什么破坏了PV神经元的抑制性作用呢?

徐晗团队发现在社交恐惧发生时,表达生长抑素(somatostatin,SST)的抑制性神经元活动水平显著升高,而表达舒血管肠肽的抑制性神经元的活动却没有变化。接下来,他们运用一系列的药理遗传学实验证实前额叶皮层SST神经元活动水平的升高抑制了PV神经元的活动,从而使得兴奋性神经元的活性增强,进而导致了社交恐惧行为的发生。

《神经元》的审稿专家对这项研究给予了很高的评价:"这是一项非常有趣而且重要的研究工作","有趣的工作并且有令人兴奋的新发

现"。徐晗说:"我们研究团队将针对社交恐惧症的神经机制继续开展更加深入的系统性研究,为临床上开发更加精准有效的治疗方法提供理论支持。"

这项研究工作得到了浙江大学段树民院士、上海交通大学徐天乐教授和复旦大学何苗教授的大力帮助;得到科技部重点研发计划项目、国家自然科学基金委重大研究计划培育项目、国家自然科学基金委面上项目以及浙江省自然科学基金委杰出青年项目等的资助。

（文：柯溢能）

一个线粒体基因变异导致冠心病的新机制

冠心病,冠状动脉粥样硬化性心脏病的简称,是一种常见的复杂性疾病,由遗传因素、环境因素或两者相互作用所致。从全球范围看,冠心病越来越成为威胁人类生命和健康的一大病症,其发病率和死亡率近年来呈现总体上升的态势,已上升为重大的公共卫生问题。

浙江大学遗传学研究所管敏鑫教授课题组在国际著名期刊《核酸研究》(*Nucleic Acids Research*)在线发表了研究成果,首次构建了携带线粒体基因组 15927 位置上转运核糖核酸(tRNA)基因突变的人脐静脉内皮细胞(human umbilical vein endothelial cells,HUVEC)转线粒体细胞系,检测了该突变对冠心病相关组织——内皮细胞功能的影响,揭示了线粒体 tRNA 改变导致冠心病的致病机理,并为线粒体基因突变致病的组织特异性研究提供了新的思路。

这项研究的第一作者为浙江大学医学院博士后贾子冬,共同通讯作者为浙江大学遗传学研究所管敏鑫教授和王猛副教授。

缘起:线粒体基因突变是冠心病的危险因素之一

线粒体是人体细胞内普遍存在的一种细胞器,通过氧化磷酸化产生细胞各种生理活动所需约 90％ 的 ATP（腺嘌呤核苷三磷酸），是为细胞维持功能和代谢提供能量的"发电厂"。除了提供能量，线粒体产生细胞内约 95％ 的活性氧，还是细胞凋亡、血红素合成、类固醇合成、钙离子调控和适应性产热的控制中心。另外，线粒体通过多种信号通路调控代谢平衡、炎症和衰老等重要生理活动，是多种重要细胞信号转导通路的调控中心。因此，线粒体的正常活动对心血管系统的健康至关重要。

管敏鑫课题组关于冠心病的这项研究，缘起于 2011 年对北京地区心血管疾病患者线粒体基因突变的一次大规模筛查。在那次筛查中，科研人员发现数个呈母系遗传特征的高血压和冠心病家系，并鉴定出可能与高血压和冠心病发生相关的一系列编码 tRNA 的线粒体基因突变位点，其中就包括该研究中的线粒体突变位点。

当时，课题组经过功能排查研究，已经锁定了该位点突变（线粒体 tRNA^{Thr} 15927G＞A）为冠心病发生的危险因素之一，但对其致病机理尚不明确。

因此，探究相关致病机制成为管敏鑫团队亟待解决的一个难题。

创新亮点：首次"杂交"完成含有"异源线粒体"的血管内皮细胞

致病机制研究的第一个难关就在于生物实验样本的选定。

线粒体基因突变致病的组织特异性一直是线粒体疾病研究的难点，这个"难点"难就难在没有生物实验样本可以研究。一个原因是当时有个技术瓶颈，即无法对线粒体进行直接的基因编辑，无法通过基因编辑构建细胞或动物模型进行研究；另一个原因是无法确定将病人的什么组织作为直接的实验素材。

怎么办？细胞的"杂交"开始了。

众所周知，与冠心病发生相关的组织包括血管内皮、血管平滑肌和巨噬细胞等。其中，血管内皮损伤是动脉粥样硬化发生的根本原因之一，也是病理过程早期最主要的标志。

本次研究中，管敏鑫团队的科研人员巧妙地选取被广泛应用于动脉粥样硬化相关实验研究中的人脐静脉内皮细胞为实验对象，将其线粒体剔除，并提取患者淋巴细胞中基因变异的线粒体，将两者合二为一进行"杂交"，首次构建出携带线粒体特殊位点突变的病人特异转线粒体细胞系。

七年科研进行曲：从分子和细胞层面探讨线粒体基因突变对冠心病的影响

线粒体中 tRNA 的作用是搬运氨基酸合成蛋白质，管敏鑫课题组通过研究发现，当线粒体发生基因突变时，原来正常折叠起来的三维结构出现异常，稳态水平和氨酰化水平降低，导致蛋白质合成减少。原因是 tRNA 用于搬运氨基酸的分子减少，同时有的分子的无效搬运增多。

如何更好地了解这个研究，管敏鑫团队的科研人员向我们打了个比方：将 tRNA 结合氨基酸的过程看作一个高成功率的娃娃机抓布偶的过程。作为娃娃机抓手的 tRNA 基因突变，导致相关碱基对断开并影响周围力学平衡后，整个结构受到影响，这种影响表现为两个结果：一是作为抓手的 tRNA 直接减少，无法结合氨基酸，另一个结果是留下来的抓手中出现"次品"，无法结合氨基酸，"抓空率"大幅增加。这两者导致 tRNA 结合氨基酸整体比例降低，进而导致蛋白质合成减少，引发下游一连串连锁反应。

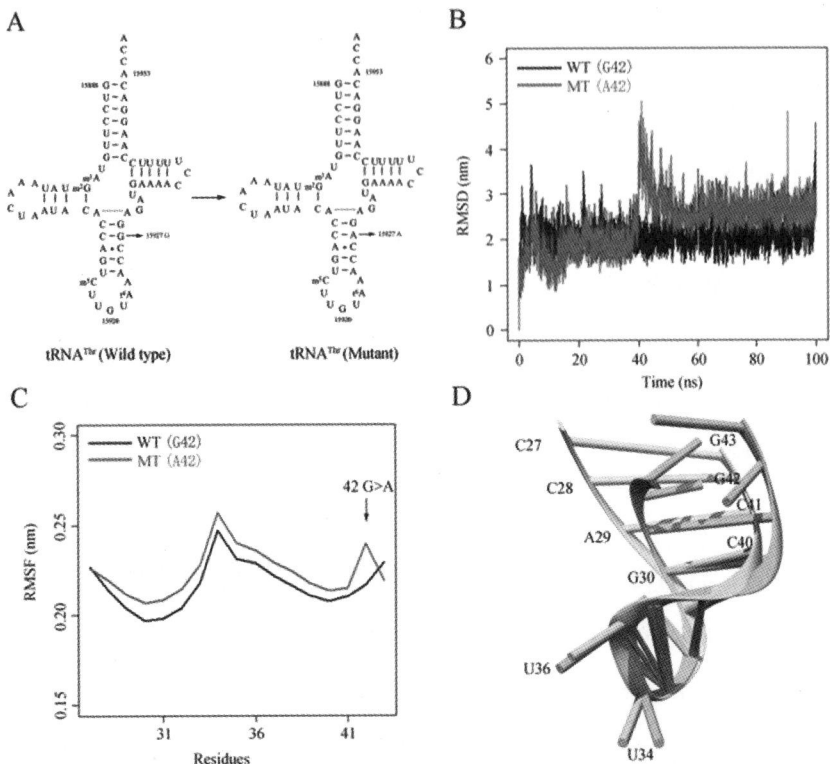

分子动力学模拟显示线粒体 tRNA^{Thr} 结构稳定性降低

　　第一个连锁反应是在线粒体层面,线粒体的正常功能出现失常。科研人员通过实验发现,由于蛋白质数量减少,线粒体出现了氧化呼吸功能障碍,线粒体膜电位降低,活性氧增加。"适度的活性氧作为信号传导是必需的,但是活性氧大量增殖后,会氧化细胞中的各类大分子。"贾子冬说,"如同苹果'生锈'影响口感,过度的氧化会导致分子损伤,从而导致功能受到影响。"

　　第二个连锁反应发生在内皮细胞层面。科研人员发现,线粒体功能缺陷最终导致内皮细胞凋亡水平增高,内皮细胞的迁移能力和成血管能力双双降低,表明血管内皮细胞的正常功能发生损伤。

展望：为治疗冠心病发现新的潜在靶点

"血管内皮损伤正是冠状动脉粥样硬化发生的根本原因之一。"管敏鑫表示，课题组从分子和细胞层面探讨了线粒体特定位点突变在冠心病病理过程中的作用，为冠心病的致病机制和治疗方法研究提供了新的视角，"这个首次验证的发病机理为治疗发现新的潜在靶点"。另外，课题组所使用的研究方法也将为其他线粒体疾病的组织特异性研究提供新的启发。

该研究工作获得国家重点基础研究发展计划（"973计划"）、国家自然科学基金以及博士后科学基金等的支持。参与该研究的作者还有浙江大学遗传学研究所的硕士生张晔、李强和叶真珍等。

（文：柯溢能）

寄生虫能骗过嘴巴，却骗不过肠道

口腔中对苦味的感受，来自形似玫瑰花骨朵的味蕾。味蕾由50～100个细胞组成，每个细胞负责一种味觉。浙江大学生命科学学院黄力全研究员实验室在对与味蕾结构相似的肠道簇细胞（tuft cell）的研究中发现，该细胞表达的苦味受体（Tas2r）及其信号通路在检测线虫、寄生虫、旋毛虫感染及引发的 II 型免疫反应中的重要作用。

这项研究成果被《美国科学院院刊》（PNAS）报道，第一作者为浙江大学生命科学学院博士生罗晓翠，通讯作者为黄力全研究员。

簇细胞是一类顶端有一簇微绒毛的细胞，通常单个地分布在体内各组织器官中。虽然它们被发现已经有半个世纪了，但对于它们的功能，人们一直不清楚。直到近来科学家们才认识到它们可能与病毒和滴虫、线虫、寄生虫感染及肠道菌群改变有关，但是对分子机制尚不清楚。

黄力全实验室通过对常见于猪、狼等动物体内的寄生虫——旋毛虫的研究发现，簇细胞在受到旋毛虫触发后会形成一系列多米诺骨牌效应，进而激发免疫细胞"杀死"寄生虫。

在本研究中,黄力全课题组发现簇细胞表达 Tas2r 苦味受体,而旋毛虫的外泌物、抽提液和苦味物质水杨苷(salicin)均能激活在人胚胎肾(HEK)细胞里异源表达的 Tas2r 苦味受体和在体外培养的小肠类器官里的簇细胞;同时,这三种刺激物在体内也可以激活肠道簇细胞,诱导产生白介素 IL-25,造成簇细胞和杯状细胞(goblet cell)的大量增生,通过腹泻形式达到消灭和清除寄生虫的目的。课题组利用基因敲除小鼠及有关的生化抑制剂等试剂确定了参与下游信号通路的蛋白。

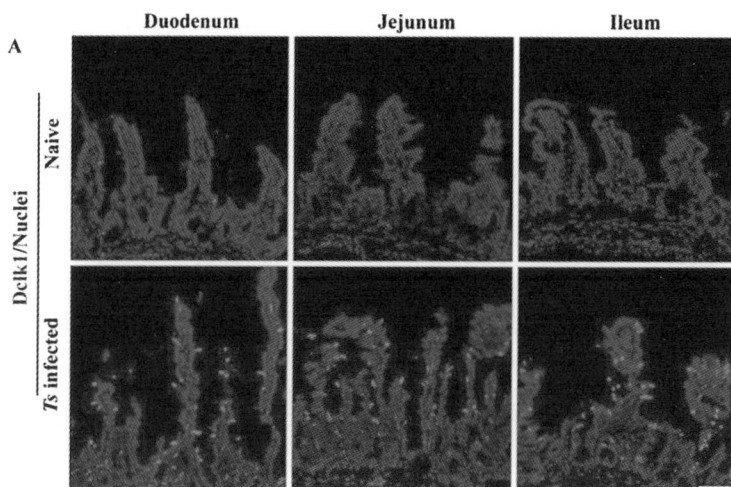

旋毛虫感染造成簇细胞增加

本研究不仅为防止和治疗线虫、寄生虫感染提供了新思路,而且对理解苦味受体和簇细胞在其他组织中的功能有着重要的指导意义。黄力全介绍,寄存在未烧熟的肉中的寄生虫可以骗过我们的嘴巴,但是骗不过肠道。"苦味受体照样在工作和检测,发现寄生虫。"

黄力全建议大家平时可以吃点苦味食物,增强免疫能力,刺激簇细胞提高警惕性,通过不断"巡逻"检测病原菌。

本研究其他合作者包括本课题组的陈振煌、薛剑波、赵东晓、陆晨、李依鸿、李松旻、杜雅雯、刘群和浙江大学生物医学工程与仪器科学学院的王平及吉林大学的刘明远。本研究得到了国家自然科学基金和思源基金的资助。

（文：柯溢能）

绘制"大脑交通图"，将更快、更强、更高

大脑由一座座不同功能的"城市"和"大厦"组成，无数的神经就像"信息公路"将它们连接成网络。基于大脑网络，信息从感觉器官输入，在脑内传递和处理，最终产生记忆、情绪和行为。因此理解大脑就需要掌握"大脑交通图"，这就好像人们出行时必须有地图导航一样。然而，目前脑科学家们探索大脑奥秘，却没有完整的"大脑交通图"可以参考。

浙江大学医学院系统神经与认知科学研究所王菁教授（Anna Wang Roe）团队在《科学进展》（*Science Advances*）杂志上发表了一项脑网络研究方法的最新突破。他们借助 7T 功能磁共振系统（fMRI）的巨大成像优势，结合红外光神经刺激（infrared neural stimulation，INS），开发出红外光神经刺激功能磁共振整合技术（INS-fMRI），并首次在活体脑中获得亚毫米级的脑连接组，使我们能更快速、更系统、更清晰地看清"大脑交通图"，了解信息的传递过程。"这就好比，我们不仅能知道一个快递从杭州市浙江大学某实验楼出发到了北京市，还能知道它到的是哪个辖区、哪条街道，甚至哪幢楼的哪一楼层。"文章的第一作者徐国华介绍说。

这项研究的其他参与者还包括共同第一作者博士生钱美珍，通讯作者为张孝通博士、陈岗博士和王菁博士。他们开发的 INS-fMRI 技术可以在活体中研究脑网络，其特点可以概括为"更快、更强、更高"。

更 快

以往用于绘制脑连接的解剖学方法，通常是在大脑的几个起始位置注射染料，需要几周的时间让染料运输并给神经连接"上色"，然后牺牲动物制作脑片，最后进行非常耗时的图像重建和分析。即便这样，在一个动物身上最多只能研究几个注射位点。

此次王菁教授团队发明的新技术结合了激光刺激和磁共振功能成像，快速地以三维形式呈现，在 1～2 小时的扫描中即可获得脑功能连接的初步结果，极大地提升了研究全脑尺度各脑区的响应程度，可以在单天实验中快速进行连接组的研究。徐国华介绍说："与其慢慢地给'公路'上色，不如从杭州寄出一堆快递，在很短的时间内，我们就可以知道它们都到了哪些城市。"

"另外，INS-fMRI 技术的好处不只是快速，还在于方便了活体研究，大大减少使用动物的数量，并且可以对同一动物进行多次、持续的跟踪研究，例如研究大脑发育。"王菁补充说。

更 强

更强表现为可量化与更精准。

红外光脉冲被 0.2 毫米直径的光纤照射到目标脑区，引起该脑区及相连脑区的神经响应，也会引起相应的血氧变化。这种血氧信号能够被磁共振功能成像捕获。"连接强度可以经由血氧水平量化为响应的程度和相关性。"徐国华介绍。

早年，王菁受到人工耳蜗研究中启用激光代替电流激活神经元的启发，开始了这方面的研究，成为最早将红外光刺激引入到大脑研究中的科学家。这一转变的意义在于红外光脉冲将能量传递到极小的空间，从而实现精准刺激，并引起连接点响应的空间特异性。

更　高

更高表现为高空间分辨率。当使用超高场（7特斯拉）磁共振成像时，这些响应位置可以在亚毫米级分辨率上呈现。这就为研究各个皮层功能柱（"大厦"）以及皮层各个分层（"楼层"）的神经活动提供了基础。"我们将红外光这一刺激方法与功能磁共振相结合，并在世界上首次提出了这一实验方法。"王菁说。

所谓功能柱，是大脑里面的一个个信息处理单元，大小只有0.2～0.3毫米。灵长类动物（包括人类）的大脑均由这些功能柱整齐排布而成；每个功能柱恰好又对应特异的认知功能，互相之间连接成网络。因此，对于包括人类在内的灵长类而言，绘制介于宏观与微观之间尺度的脑连接组尤为重要。

但目前科研人员只知道功能柱是发挥功能的单元，却不清楚它们之间具体如何连接。徐国华解释说："就像一幢幢高楼，有不同的功能，有的是学校，有的是医院，但我们还不明白这些大楼之间有怎样的关联。"

"该方法可以被用于系统性地逐个刺激皮层功能柱，从而全面地描绘灵长类亚毫米水平连接组。"王菁介绍说。这项新技术将为绘制高分辨率功能柱的全脑网络图奠定基础，为大规模全脑功能连接研究开启大门。厘清各个功能柱之间的连接，将极大地帮助我们理解灵长类大脑的工作原理以及脑疾病，将促进神经科学、心理学、医学和人工智能等领域的发展。

在刊发的文章中，课题组介绍了两个应用范例，分别对应研究全脑尺度的长程连接，以及局部范围内的高分辨率短程连接。实验证明了这一新方法的应用将帮助我们深入理解大脑的连接方式和工作原理，继而更好地理解疾病和精准调控相关脑结构及功能。

（文：柯溢能、吴雅兰）

免费 6 个月"学霸餐",研究告诉你"油腻"饮食伤菌促炎

近年来,"多吃脂肪少吃主食更健康"这个观点在一定范围内风靡,也就是推荐人们多吃高脂肪低碳水化合物的食物。那么以大米为代表的碳水化合物,是否真的是中国人患上代谢性疾病的元凶?

浙江大学生物系统工程与食品科学学院李铎教授课题组开展了一项为期半年的全食物供给随机对照试验,这也是国内首个结合营养学和肠道菌群的大型随机对照试验。他们发现,高脂肪低碳水化合物饮食会对健康人的肠道菌群、粪便代谢物及血浆炎症因子产生不良影响,这为高脂饮食的潜在危害提供了基于中国健康人群的证据,也对发展中国家和发达国家膳食指南的制定具有一定的指导意义。

该研究成果发表在《消化道》(*Gut*)杂志上,第一作者是浙江大学生物系统工程与食品科学学院博士后万漪、硕士毕业生王峰磊,通讯作者是李铎教授。

"学霸餐"入试验,管够半年的一日三餐

李铎教授课题组的这项研究历时 3 年,全食物供给干预长达 6 个

月，共有 307 名非肥胖健康志愿者参与，由浙江大学与 301 医院合作完成。

在浙大部分，刚开始招募志愿者时，就有 1000 多人报名，由于每天都要按时"打卡"吃饭，且有跨越暑期不能回家等入选条件，经过层层筛选，最终有 154 名志愿者参与试验。早餐为课题组提供的曲奇饼干或面包，而中餐和晚餐就是两荤一素＋米饭的"学霸餐"。试验过程中，研究人员为志愿者提供包括饮品在内的一日三餐，志愿者们每个月都会进行体检。

人体所需的宏量营养素包含蛋白质、脂肪和碳水化合物。这项研究中，科研人员将志愿者随机分成三个组，分别接受总脂肪和总碳水化合物比例不同的膳食，蛋白质供能比三组保持一致。其中低中高组脂肪供能比分别为 20％、30％ 和 40％，相应的碳水化合物供能比分别是 66％、56％ 和 46％，三组的蛋白质供能比均是 14％。通过为期半年的干预，探究这三种膳食对健康非肥胖志愿者代谢疾病风险因子及宿主-菌群共代谢的影响。试验前，研究人员通过膳食记录的方法计算出每个志愿者的日均能量摄入，以男女平均能量设计干预膳食。

为什么要管志愿者的一日三餐？李铎教授介绍，如果只是提供饮食指导，那么志愿者的饮食可能存在不少误差，而全食供给的随机对照试验，最大程度上保证了他们摄入的是研究设计的宏量营养素比例。

和国外一些研究刚好相反，课题组倡导合理膳食

说到这项研究的缘起，科研人员介绍，膳食脂肪和碳水化合物摄入比例与代谢性疾病风险因子的关系一直是营养学界争论的热点。一些国家的研究机构在糖尿病患者、慢病患者人群中，通过短期干预

发现高脂肪低碳水化合物饮食对慢病患者的糖代谢指标有一定的改善作用,进而认为白米饭可能是引起糖尿病、心血管疾病等代谢性疾病的罪魁祸首。

然而基于中国人群的数据却揭示了另一个侧面:30年前我国膳食结构中,碳水化合物占了能量摄入的70%左右,代谢性疾病的发病率却远低于现在。

在李铎教授课题组完成的全食供给随机对照试验中,他们发现,高脂肪低碳水化合物饮食会对健康人的肠道菌群、粪便代谢物及血浆炎症因子产生不良影响,长期摄入高脂膳食可能对人体健康带来潜在危害。该研究结果对发展中国家和发达国家膳食指南的制定都有一定的指导意义。

"研究结果更加佐证了我们的观点——国外在病人身上获取的数据不能用在健康人身上。中国居民膳食指南以中国健康人的证据作为依据推荐。"李铎教授表示,高脂饮食会伤害肠道菌群,触发炎症因子,长期来看可能会影响健康。

本研究得到国家重点基础研究发展计划的支持。

（文：柯溢能）

腹部"游泳圈"成因男女有别

夏季,人们换上清凉的夏装时,腰腹上甩不掉的脂肪"游泳圈"成为很多爱美人士的烦恼。但其实,腹部的脂肪不仅仅影响观瞻。随着科研的不断深入,科学家们发现,这部分脂肪与人的慢性疾病的发生有着紧密的联系。

浙江大学医学院公共卫生学院朱善宽教授团队联合美国斯坦福大学预防研究中心科研团队在国际知名期刊《自然·通讯》(*Nature Communications*)上发表研究成果,深入阐释了肠道菌群和脂肪分布在不同性别之间的复杂关系。

众所周知,大部分肥胖是脂肪的过量堆积引起的。人体全身都遍布着脂肪组织,不同部位的脂肪堆积成就了不同的形体。从外形上来看,肥胖大致可以分为两种——"梨形"与"苹果形"。其中,苹果形的肥胖就是指腹部脂肪堆积过多。

现有的科学研究已经证实肠道菌群与肥胖之间的关系,但肠道菌群与脂肪分布的关系及其在不同性别之间的差异尚不明确。肠道菌群非常复杂,所包含的数量比人体其他部位菌群的总和还要多。如何抽丝剥茧?朱善宽教授领衔的中外科研团队将研究的视角深入到菌群类别（taxa）层面，并把"梨形"与"苹果形"人群各分成 4 个组别，进行研究观察。科研人员发现肠道菌群与脂肪分布的关系体现出明显的性别差异。

而在此前大视野观察人体肠道菌群与肥胖关系的研究发现男性和女性在肠道菌群的丰度、多样性及与脂肪分布的关系方面呈现出相似的特征。

在这项历时近三年的研究中，科研人员从数百个高丰度 taxa 中筛选出 20 个与脂肪分布有关的 taxa，其中男性 13 个，女性 7 个，男女之间并未发现明显 taxa 层面的重合。值得注意的是，其中来源于同样两个菌属"霍尔德曼氏菌"（Holdemanella）和"吉米菌"（Gemmiger）的不同菌群类别与脂肪分布的关系在男性和女性中呈现相反的特征。该研究说明，在不同性别人群中，同样的菌属可因组成菌种的差异而出现不同的与脂肪分布之间的关系。

谈及这项研究的意义，朱善宽表示，这项研究对与腹型肥胖相关的糖尿病、心脑血管疾病等慢性病的研究具有十分重要的作用。在这些相关疾病的研究中，应考虑到肠道菌群的性别差异。

（文：柯溢能）

"返厂销毁"，脑卒中神经元线粒体自噬新规律

缺血性脑卒中，又称脑中风、脑缺血，具有高发病率、高致残率、高复发率、高致死率等特点，给病人及家庭带来巨大的痛苦并造成严重的社会负担。遗憾的是，脑卒中的病理机制异常复杂，临床缺乏有效的治疗手段和药物精准干预的靶点。

浙江大学药学院陈忠教授课题组在细胞生物学领域知名刊物《细胞生物学杂志》（*Journal of Cell Biology*）在线发表了题为"缺血神经元轴突线粒体在胞体进行自噬"（Somatic autophagy of axonal mitochondria in ischemic neurons）的研究成果，揭示了脑卒中神经元线粒体自噬的新规律，为精准寻找缺血性脑损伤潜在靶点提供了理论支持。

这项研究的第一作者为浙江大学药学院博士生郑艳榕与吴晓丽，通讯作者为浙江大学药学院陈忠教授，浙江大学药学院张翔南教授为共同通讯作者兼共同第一作者。

脑供血不足导致的神经元损伤是造成脑卒中脑损伤的主要原因之一。神经元好比人体的"指挥官"，它的损伤将造成人体功能的紊乱，最终可能导致残疾或死亡。而神经元是形态极其特殊的一类细胞，它的胞体延伸出许多突起，其中最长的一条被称为"轴突"。人体中最长的轴突可长达 1 米。

轴突就如同信息的高速公路，每时每刻都在进行着信息传递，实现"指挥官"对机体的控制。而"能量工厂"线粒体，就为这条高速公路上的信息交流提供"燃料"。可想而知，线粒体的功能异常将导致轴突乃至整个神经元的功能失常。因此，神经元必须对线粒体的质量进行严格的控制。神经元通过溶酶体途径将损伤线粒体进行清除，即线粒体自噬（mitophagy），这是主要的线粒体质量控制策略之一。但是，轴突内线粒体的自噬过程尚不完全清楚，是神经药理学和神经生物学领域关心的热点问题之一。

陈忠教授课题组的前期工作已经发现，脑缺血后血流的复灌可以激活线粒体自噬，减少神经元损伤。这次课题组利用了多种实验手段，首次发现脑缺血神经元中轴突线粒体逆向转运回神经元胞体后再进行自噬，而非在轴突原位上被自噬清除。不仅如此，特异性促进线粒体逆向转运可通过激活线粒体自噬提升缺血神经元内线粒体质量，减少细胞凋亡，最终发挥抗脑缺血的神经保护作用。

陈忠教授将这个现象打了个比方，这就好像商品出现了故障，原厂需要召回后销毁。"我们发现'返厂销毁'的线粒体由马达蛋白运送，受损程度不同的线粒体返回速度可能也不一样。"陈忠教授说，未来通过调控具体马达蛋白分子，可能加速线粒体自噬，"在细胞中制造不同速度的高铁，搭载受损线粒体'返厂销毁'"。

这项研究加深了对脑卒中缺血复灌过程中神经元线粒体自噬的理解，同时为找到抗脑卒中的药物靶点提供了非常重要的实验依据。

本研究得到国家自然科学基金委重点项目和优秀青年科学基金项目的资助。

（文：柯溢能）

如何让抗肿瘤药物直达病灶，"快递到家"？

抗肿瘤纳米药，如阿霉素脂质体"里葆多"，其作用就好像一个直达肿瘤的"包裹"，将药物比较特异性地运送到病灶部位。但是，目前在临床上广泛使用的纳米药只是降低了药物引起的毒副作用，并没能显著改善原药的疗效。其中的原因之一是纳米药将药物输送到肿瘤，但并没有输送到每一个肿瘤细胞，这如同快递员将包裹送到了小区的传达室而未能送达用户手上一样。

如何让药物直接"快递"到"家"（肿瘤细胞）呢？浙江大学化学工程与生物工程学院申有青教授团队和加利福尼亚大学洛杉矶分校顾臻教授团队合作，提出了纳米药在肿瘤组织中主动渗透新机制，来解决这一问题，使纳米药渗透到实体瘤的每一个角落，将抗肿瘤药物输送到每一个肿瘤细胞，并用多种动物模型验证了这种方法能够显著提高抗肿瘤疗效。

这项研究刊登在国际知名期刊《自然·纳米技术》（*Nature Nanotechnology*）上，论文第一作者为周泉、邵世群。

治疗癌症的纳米药是将小分子抗肿瘤药负载到纳米尺寸的载体

中得到的。纳米药的直径在 $10\sim100$ 纳米,是小分子药的几十倍,可以称得上是名副其实的"大象级药"。相较于小分子药,纳米药的优势在于注射到血液后可以躲过肾脏过滤,因而在血液中滞留较长时间,能更多地蓄积在肿瘤中。但它过于庞大的体积使其自身运动(扩散)能力很弱。与此同时,肿瘤内部缺少毛细血管网,有非常致密的细胞外基质和非常高的细胞密度,如此大体积的纳米药很难在细胞间穿行。"因此,纳米药在肿瘤组织内的扩散,犹如一头大象在枝蔓横生的原始密林中一样难以前行。"申有青说。这就导致了纳米药即便能够积蓄在瘤内,也无法将携带的药物直接递送到每一个细胞内。

国内外学者针对这一问题做了不少努力,包括降低肿瘤组织密度、减小纳米药尺寸等,来降低纳米药在瘤内的渗透阻力,但是这些工作并没有解决纳米药尺寸大、自身运动扩散能力弱,导致依靠自身扩散进行的瘤内被动渗透能力差的问题。

有没有可能发挥肿瘤细胞的"主动性"、让其"主动"地递送纳米药呢?这样既利用了瘤内的高细胞密度,又让纳米药直接在肿瘤细胞内穿行、绕开肿瘤细胞外基质这些"致密蔓藤"的障碍。为此,申有青等设计了肿瘤细胞主动递送药物的方法:让肿瘤细胞一边吞噬纳米药,一边将一部分吐出来,这样循环往复,就将纳米药从肿瘤毛细血管处传递出去,到达每个肿瘤细胞。

这个过程的关键是细胞能够快速吞噬足够量的纳米药物,"细胞只有吃得够饱才会外排一些"。为此,申有青等利用正负电荷相吸原理,"肿瘤细胞表面带负电荷,因此带正电荷的纳米药很容易地被吸附到细胞表面而被内吞"。本研究的关键设计之一是纳米药在血液中是电中性的,只有在肿瘤血管或肿瘤细胞附近才带上正电荷,以触发快速细胞内吞和主动肿瘤渗透。触发电中性向正电性转化的开关则是肿瘤血管的内皮细胞上及血管附近肿瘤细胞过表达的 γ-谷氨酰转肽酶（GGT）。科研人员利用 GGT 响应性的基团来遮蔽正电荷；在肿瘤内 GGT 酶将修饰物去掉，使其呈现正电性。

细胞内吞纳米药后，如何让其"慷慨地"吐出一些呢？申有青说这个所谓的外排环节，是细胞本身自带的功能。高尔基体是细胞中的重要分拣细胞器，就像是一个快递转运站，传递到高尔基体的物质会被打包外送出去。因此，本研究的关键设计之二是通过控制纳米药结构使纳米药被吃进去后的去向是高尔基体，而不是其他细胞器。

在此次研究中，研究者还用多种动物模型考察了该新结构的纳米药，结果表明尾静脉注射的纳米药可以治愈体积为 100 立方毫米的小肿瘤，还能让 500 立方毫米的大肿瘤迅速萎缩变小。停药半个月后，未见反弹。纳米药对具有"癌症之王"之称的胰腺癌也有显著抑制肿瘤生长、延长病人存活期的作用。

哈佛医学院的 Hae Lin Jang 和 Shiladitya Sengupta 教授对该研究给予高度评价，认为该纳米药利用细胞的转运机制实现了瘤内深度渗透，得到了良好的疗效。

申有青表示，这种化被动渗透为主动的策略，使纳米药避开了肿瘤组织致密微环境构成的天然生物屏障，克服了纳米药大尺寸导致扩散能力低的天然缺陷，有望解决纳米药在肿瘤组织内渗透难的问题，为下一阶段纳米药物的设计开辟了新思路。

（文：柯溢能）

揭开褐飞虱的"祛黑"奥秘

体色对于自然界中的生物具有重要的意义,起到了拟态、保护、警戒等作用。昆虫的体色也存在遗传性和可塑性,造就了千姿万态的昆虫世界。褐飞虱是我国和许多亚洲国家当前水稻种植上的首要害虫,这种昆虫通常虫体体色为黄褐色,但也经常会出现黑色个体,体色在维持其多样性和生态适应性方面可能起着重要作用。

浙江大学农业与生物技术学院张传溪教授和生命科学学院周耐明教授团队揭示了一种名为 elevenin 的神经肽在褐飞虱体色可塑性发育中发挥关键作用,是褐飞虱体壁黑化的抑制因子。

这项研究发现刊登在著名杂志《美国实验生物学学会联合会会刊》(FASEB Journal)上,论文第一作者为浙江大学农业与生物技术学院博士生王斯亮和王伟伟,通讯作者分别是农业与生物技术学院的张传溪教授和生命科学学院的周耐明教授。

国外科学家最早在软体动物海兔的腹神经节的 L11 神经元中首次发现编码 elevenin 神经肽的基因的存在,目前 elevenin 在软体动物(蜗牛等)、环节动物(沙蚕等)、节肢动物(鳌虾、昆虫等)中均有发现,但是有关的功能研究非常少。

研究人员对褐飞虱的 elevenin 基因进行敲减,发现若虫会全部发育为黑色个体,而注射了人工合成的 elevenin 成熟肽后,下一龄体色又会由黑色恢复为黄褐色;对自然状态黑色个体注射合成肽,同样能使其发育为黄褐色个体。"一正一反"两条验证途径,证明了 elevenin 是褐飞虱体壁黑化的抑制因子,是褐飞虱的"美白素神经肽"。

目前,科研人员对褐飞虱为什么会存在体色偏黑的个体还无法解释。但是黑色通常是生物界的重要隐蔽色,就好像人们会穿黑色的"夜行衣"来隐藏自己。昆虫会通过使自己的体色与周围环境相近,从而躲避天敌、保护自己,比如绿色的毛毛虫隐藏在绿叶中。在自然界中,光线照射产生的阴影广泛存在,而黑色的个体可能更容易隐藏在阴影中以保护自己。

另外,从黑色的物理特性考虑,体色呈黑色可能具有增加热量吸收的作用。在一些蛾类中,人们发现颜色偏黑的蛹具有较高的体温。在寒冷的环境下,黑色的体色可能有助于昆虫增加对外界热量的吸收,维持新陈代谢等生命活动。

深入研究发现,elevenin 对体色的调控是通过与体壁细胞上特异性受体 G 蛋白偶联受体 NlA42 结合,再与细胞内 Gq 和 Gs 蛋白偶联,激活下游 PLC/Ca2＋/PKC 信号通路和 AC/cAMP/PKA 信号通路,进一步调控酪氨酸黑色素合成通路,从而使体色发生变化的。

王斯亮说:本研究以褐飞虱为例,揭示了神经肽对昆虫体色调控的分子机制,为内分泌调控体色之可塑性提供了一个典型的例子,也为后来的研究提供了参考。

本研究得到国家自然科学基金重点项目的资助。

(文:柯溢能)

通过光合作用靶向治疗肿瘤的微纳机器人

微纳机器人指的是尺度介于微纳米级别,可以对微纳空间进行精细操作的机器人。由于其具有灵活运动、精确靶向、药物运输等能力,在疾病诊断治疗、靶向递送、无创手术等生物医学领域具有广阔的应用前景。然而现阶段针对微纳机器人的有关研究大多聚焦在体外,在体内治疗应用的更多预期功能仍然具有极大的挑战性。

浙江大学医学院附属第二医院/转化医学研究院周民研究员团队研制出一款微纳机器人,通过以微藻作为活体支架,"穿上"磁性涂层外衣,靶向输送至肿瘤组织,成功改善肿瘤乏氧微环境并有效实现磁共振/荧光/光声三模态医学影像导航下的肿瘤诊断与治疗。

这项研究成果被刊登在材料领域著名期刊《先进功能材料》(*Advanced Functional Materials*)上,并被选为当期封面。论文的第一作者是浙江大学转化医学研究院交叉学科直博生钟丹妮,论文通讯作者为周民研究员。

光合作用解决供氧不足

在肿瘤治疗中,为何需要微纳机器人靶向提供氧气呢?

这是因为肿瘤细胞在快速增殖中消耗了大量的氧气，导致肿瘤组织内部存在缺氧微环境。这也成为众多肿瘤治疗方法出现耐受现象的重要原因之一。一般临床肿瘤治疗采用的放疗和光动力治疗中，患者通过高压氧舱吸氧来解决肿瘤内部氧气不足的问题。但这种方法往往收效甚微，并不能靶向供氧到肿瘤部位，难以提高肿瘤治疗效果。

螺旋藻，一种生活中常见的微藻，作为水生植物能够通过光合作用产生氧气。那么如何将该微藻送进肿瘤？课题组提出将超顺磁性的四氧化三铁纳米颗粒通过浸涂工艺，均匀涂至微藻表面。磁性工程化的微藻在外部磁场控制下，能够定向运动至肿瘤。

"研究的创新性在于无机和有机的微纳体，选择性地把药物输送到肿瘤缺氧部位。"周民介绍，他们所研制的微纳机器人是一种光合生物杂交体系统，这个系统保持了微藻高效的产氧活性，并兼有四氧化三铁纳米颗粒的定向磁驱能力。

在具体治疗中，通过体外交变磁场将微纳机器人靶向运送并积累至肿瘤，通过体外光照，由光合作用原位产生氧气来降低肿瘤内部缺氧程度，从而提高放射疗法的效率。"在小鼠的原位乳腺癌模型中，经增强的联合治疗展现了明显的肿瘤生长抑制作用。"

叶绿素，一面照出肿瘤变化的镜子

光合生物杂交微纳泳体系统不仅对于放疗具有积极作用，而且经过射线处理后释放的叶绿素能作为光敏剂，产生具有细胞毒性的活性氧来杀死肿瘤细胞，实现协同光动力治疗。"正常的光动力治疗需要氧气和活性氧才能顺利开展，目前的微纳机器人能够很好地解决这两个需求。"

此外，微藻中含有的大量叶绿素也具有天然荧光和光声成像功能，可以无创性地监测肿瘤治疗情况和肿瘤微环境变化。"药物遇到荧光，就能够表达出来。叶绿素是一面镜子，能够找出它来。"

这项研究持续了三年，周民说最早关注到微藻是源于一次海洋学院会议，和藻类研究的朋友聊天时受到启发。对于未来的应用前景，周民说："该微纳泳体本质上作为天然生物能够在体内得到有效降解，为生物杂化材料在靶向递送和体内生物医学中的应用提供了转化前景。"

本研究得到浙江大学眼科中心、浙江大学交叉学科项目、浙江大学现代光学仪器国家重点实验室、浙江大学恶性肿瘤预警与干预教育部重点实验室等的大力支持，也得到国家重点研发计划、国家自然科学基金、浙江省重点研发计划等项目的资助。

（文：柯溢能）

"隔离"也是一种爱

　　如果要将正在教室里上课的 100 名学生分成两个小班,你会怎样分配? 是随机分配,还是按照一定的类别,比如男生、女生来归类? 显然随机分配更简单,归类分配操作难度更大。

　　其实,类似这样的一幕每时每刻都在我们的生命体中上演,这就是细胞分裂,即活细胞增殖并且由一个细胞分裂为两个细胞的过程。细胞分裂通常包括细胞核分裂和细胞质分裂两部分,在核分裂的过程中,母细胞把遗传物质传递给了子细胞,实现了生命遗传信息的延续。

　　那么细胞分裂时胞内物质是无规律地随机分配给两个子代细胞,还是按一定法则非随机分配的呢? 在过去的传统观念里,母细胞在细胞分裂时,其细胞成分是均等分布到一对子细胞中的。但是,约半世纪前,科学家发现,细胞分裂时染色体存在非随机分配的可能性,不过背后的相关机制和可能的驱动因素一直没有得到充分的研究和阐释。

　　浙江大学医学院附属第二医院呼吸与危重症医学科应颂敏教授、沈华浩教授团队在实验中观察到了有丝分裂中染色体的非随机分配现象,即一个子细胞里的染色体 DNA 完好无损,而另一个子细胞里的染色体 DNA 却伤痕累累,伴有明显的 DNA 损伤修复反应。研究人员发现 ATR/CHK1 信号通路在对损伤染色体的非随机分配过程中起着至关重要的调控作用，看似"生命体非常聪明地通过这种方式来'保种'"。

国际著名的《细胞》(*Cell*)子刊《分子细胞》(*Molecular cell*)在线刊登了这项研究成果。浙江大学医学院 2015 级博士研究生邢美春和 2016 级博士研究生张凤娇为论文的共同第一作者，浙江大学医学院附属第二医院呼吸与危重症医学科应颂敏教授、沈华浩教授和丹麦哥本哈根大学 Ian D. Hickson 教授为论文的共同通讯作者。

智慧"隔离"，阻止受损 DNA 对集体的破坏

在约半世纪前的一项研究中，科学家发现，细胞非随机分配时，母细胞会分裂成两个不同的子细胞，一个是"新"细胞，一个是"旧"细胞。

2013 年，应颂敏回国在浙江大学任教，在一次带领本科学生做创新实验时，意外观察到了一对外表长得很像但内在并不相同的"双胞胎"细胞，也就是非常少见的细胞分裂的不对称分配现象。

应颂敏通过免疫荧光染色的方法发现，这对以往被称为"新"细胞和"旧"细胞的"双胞胎"藏着一个大奥秘："旧"细胞继承的母细胞的染色体 DNA 都是完好的，而"新"细胞中的染色体 DNA 却有很多是受损的，"表面上看是新旧的区分，实质上是损伤与非损伤染色体的分配"。

原来，细胞增殖、分裂的过程中充满着各种挑战，有可能出现染色体 DNA 损伤的情况，这时候生命体会尽快地开展自我修复；但有的时候，受损的染色体 DNA 并不能在细胞分裂之前被完全修复。在这样的情况下，如果细胞分裂还是随机分配，就会把受损的染色体 DNA 同时遗传给两个子细胞，然后 2 传 4，4 传 8，最终造成不可估量的后果。

这个时候，"隔离"也是一种爱。母细胞非常聪明地在分裂过程中进行了调配，无损伤的染色体都去了其中一个子代细胞，并使其保留了增殖能力，而损伤的染色体都被"隔离"到了另一个同胞子代细胞中，并倾向于发生细胞周期阻滞或细胞死亡。

"正是因为这样的'隔离'，好的子代细胞可以进一步发育和增殖，不好的子代细胞就被淘汰掉了。"应颂敏说。隔离受损细胞这一调配作用可能在干细胞发育时也起到保证生命种子长期存活的关键作用，"这涉及非常基础的生命学现象，关系到细胞在进化过程中如何将完好的遗传信息保留到一个子代细胞中"。

黑猫还是白猫？ 复制压力让细胞出错

我们知道，人体内有 23 对染色体，每一对染色体的分配概率都是 $1/2$。如果没有一种高效的调控机制，所有的 23 对染色体均发生非随机分配的概率就是 $1/2^{23}$，这个概率是非常小的。这也是不对称分配现象难以被我们观察到、研究透的原因之一。

课题组成员说，在 100 个细胞中，大约只有个位数的细胞处于分裂进行时，而正在分裂的大部分又是随机分配的，这样估算下来，大概要观察成千上万个细胞才能看到一个处于非随机分配中的细胞。"这是非常大的工作量。同学们在暗房里用共聚焦显微镜观察，常常一待就是一整天。"

而要发生非随机分配还有一个前提条件，就是染色体出现损伤而且在细胞分裂之前没有被修复。那么染色体损伤一般会在什么情况下出现呢？课题组成员说，在 DNA 复制过程中，会出现各种情况，就像游戏俄罗斯方块那样不是所有地方都是严丝合缝的，可能这里出现一个错位，那里又有一格是空着的。而且，DNA 末端的端粒部分特别不容易复制，一旦复制不好就会出现损伤。这种复制障碍被称为复制

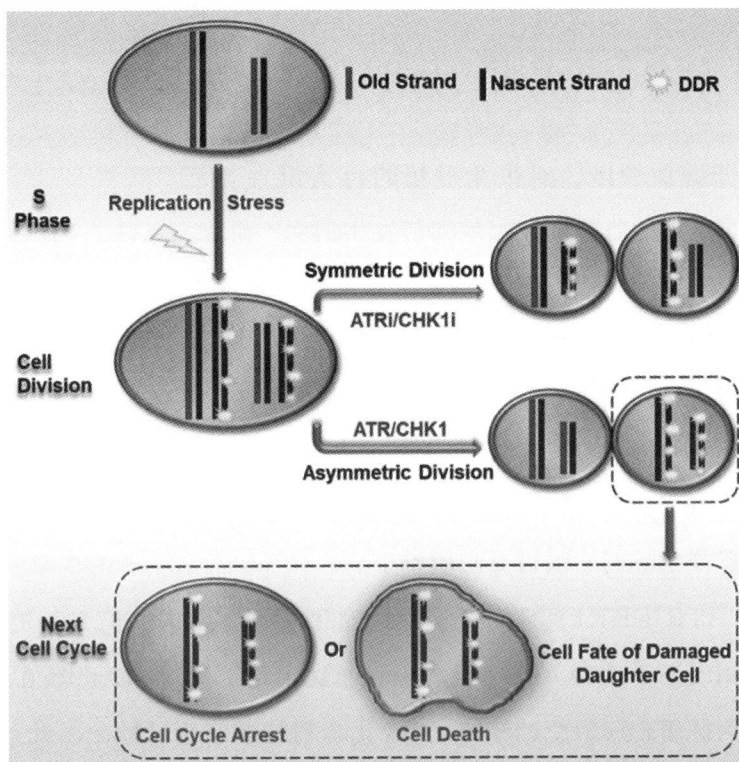

依赖于 ATR/CHK1 信号通路的损伤染色体非随机分配最终导致了子代细胞的不同命运

压力。一些细小的损伤在非随机分配后"聚沙成塔"，导致受累细胞 DNA 伤痕遍布，"就像两只双胞胎的猫，一只是白猫，一只是黑猫，具有很明显的差异"。

内部因素如肿瘤原癌基因的激活、外部因素如影响 DNA 复制的化学药物等也都会造成 DNA 损伤，当这些损伤没有被完美修复的时候，就可能会触发不对称分配。

在正常细胞中，非随机分配相当于筑起了生命繁衍的最后一道防线，保证把完好的染色体信息一代代传递下去。而在肿瘤细胞中，非随机分配则可能起到了利好肿瘤生长的作用。如果能够掌握非随机分配的发生机制，就能让我们更深刻地理解肿瘤快速增殖和耐药的原因，为肿瘤精准治疗提供潜在的靶向方案。

开辟新领域，对生命奥秘的再认识

那么这种非随机分配是如何发生的呢？研究人员认为，从原理上看，细胞先要识别出染色体复制有无问题，如果发现有问题，再下达非随机分配的信号并开展分离，最后将有损伤的染色体尽可能地完全隔离开。但这"三部曲"究竟是怎样发生的，课题组还没有解开最终的谜团。

不过，课题组有另外一个重要的发现。他们在实验中对多条信号通路进行了筛查，结果发现，通过调控 ATR/CHK1 这条通路，可以在一定程度上控制非随机分配的发生。

"ATR/CHK1 通路肯定在这'三部曲'中起了作用，但究竟是如何起作用的还不清楚。"课题组成员说。此前 ATR/CHK1 已经在临床上作为肿瘤靶向治疗的靶点，多个化合物均在临床试验。因此，相关研究为明晰肿瘤发生机制和精准靶向治疗提供了新的理论依据。

应颂敏认为，这项研究成果最重要的是给大家提供了一种新的研究视角。"自然界的生命体是非常智慧的。细胞一旦出现损伤，都会先进行修复，实在修复不好，还会有最后一道防线，就是通过非随机分离来隔离受损部分，以保证整个群体的利益最大化。"这也正是课题组七年来一直孜孜探索的原因。

正如本论文的匿名评审专家所说：这项工作开辟了一个新的领域，之后各个相关领域的科学家可以从不同视角来跟进验证，并进一步开展深入研究。

（文：吴雅兰、柯溢能）

这是结集出版的第二本"有趣的浙大科学"图书。本套丛书的总目叫作"灿若星辰浙大人",而科学的深邃确实"星辰浩瀚"。

立足中华民族伟大复兴全局和世界百年未有之大变局,我们更加深刻地体会到,关键核心技术是要不来、买不来、讨不来的。

本书收录的是 2019 年至 2020 年浙江大学"科学头条"作品,向着成为世界主要科学中心和创新高地的新航向,这本书中的每一篇目,都是一张服务"国之大者"的沉甸甸的报表,镌刻着浙大人的拼搏与付出,也记录着每一朵"成功的浪花"背后,"浸透了奋斗的泪泉,洒遍了牺牲的血雨"。

科学是有趣的,但出版是严肃的。在本书付梓之际,感谢各科研团队专家学者一如既往对科普工作的支持,感谢"有趣的浙大科学"采编团队夜以继日的付出,感谢浙江大学出版社为本书的编辑出版所做的努力。

编者

2022 年 7 月

图书在版编目（CIP）数据

新知的浪潮："灿若星辰浙大人"之科学篇. 2 / "灿若星辰浙大人"丛书编委会编. —杭州：浙江大学出版社，2022.9

ISBN 978-7-308-22868-8

Ⅰ. ①新… Ⅱ. ①灿… Ⅲ. ①科学知识－普及读物 Ⅳ. ①Z228

中国版本图书馆 CIP 数据核字（2022）第 133677 号

新知的浪潮："灿若星辰浙大人"之科学篇 2

"灿若星辰浙大人"丛书编委会 编

责任编辑	张一弛
责任校对	陈 欣
责任印制	范洪法
封面设计	周 灵
出版发行	浙江大学出版社
	（杭州市天目山路 148 号 邮政编码 310007）
	（网址：http://www.zjupress.com）
排 版	浙江时代出版服务有限公司
印 刷	杭州钱江彩色印务有限公司
开 本	710mm×1000mm 1/16
印 张	16.5
字 数	210 千
版 印 次	2022 年 9 月第 1 版 2022 年 9 月第 1 次印刷
书 号	ISBN 978-7-308-22868-8
定 价	52.00 元